大展好書 好書大展

7-ELEVEN高盈收策略

精選系列 4

國友隆一 著
劉淑錦 譯

大展出版社 印行

序　言

即使是經常上7—Eleven便利商店的人，大概也不太知道它的經營之道，及計劃如何具體提高其服務水準，更別提報表上未秀出之收益和它的制度。

明白的說，一家7—11便利商店平均每個月的浮利突破兩百萬日圓大關，相當於大企業或知名證券公司、銀行等總經理、職員的薪資。也可以說等於一般公司老闆的收入。

這是不斷努力的成果，拼命努力的結果。而且，不是光靠努力，而是憑藉著正確的因應方法和縝密的制度才得以實現。兩百萬日圓是一個平均數字，有些連鎖店收益高於此數目字，有些則尚未達到。

如此高的收益使日本7—11總公司更加引人注目。

一九九四年二月期的營業額超越了母公司伊藤榮堂，躍登流通業界之首。

為什麼能締造如此輝煌的業績呢？這就是本書欲告訴讀者的。如果讀者能透過本書徹底的分析，對相關企業營業額之提昇有所助益的話，那麼，筆者就深感欣慰了。

國友隆一

目錄

第二章　總部不為人知的戰略

第三章　追求賣場四大基本原則

第四章　全國網路化情報系統

第五章　加盟費詳情分析

第六章　創造月淨利二百萬圓的制度

第七章　「共存共榮」且「強存強榮」的總部和加盟店

第八章　功不可沒的RFC人員

目　　錄

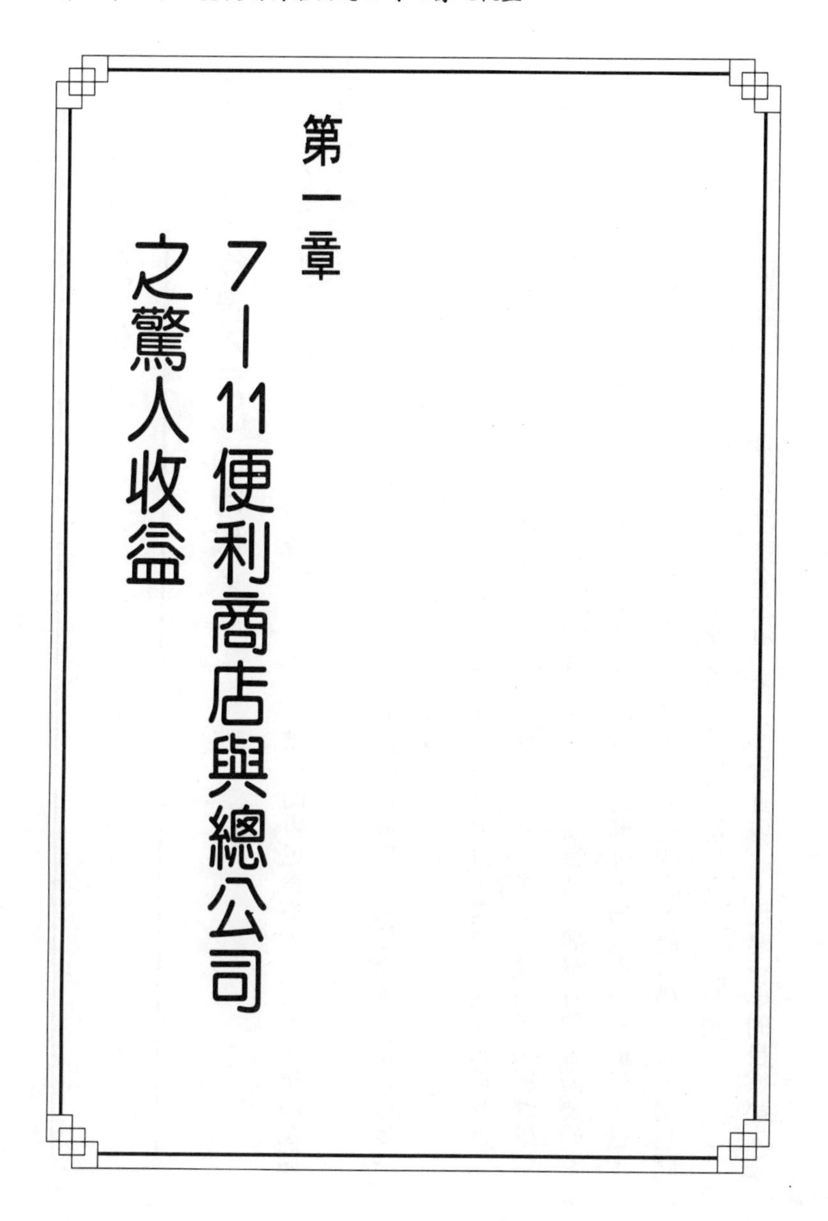

第一章　7—11便利商店與總公司之驚人收益

高獲利原因何在

◎這是個「物資不足」的時代？

大家都知道現在是一個物資充斥的時代，冰箱、衣櫃裡面再也塞不下東西，而新的商品卻仍源源不斷地流入市場。

在這個不容置疑的事實下，日本7—11便利商店會長鈴木敏文（兼任伊藤榮堂社社長）卻提出了不同的論調：「這是個物資過剩，同時也不足的時代。」

當然，鈴木所指的是特定的，而非一般的商品。就消費者而言，是指真正想買的東西；從小型商店的立場來看，則是指真正賣得好的商品。消費者常常一邊對氾濫的商品感到厭煩，卻又買不到自己真正想要的東西。而小型商店內雖常陳列多種商品，卻沒有顧客需要的。

因此，鈴木強調「勿讓機會流失」。如果因為缺貨而喪失機會，那就是一種損失。這十年來，他不斷說明降低機會流失的重要性，因此。最近其他便利商店、超市和百貨公司也開始朝這一方面改進。其中因應措施做的最好、最徹底的，仍然是日本7—11公司。

鈴木並不因而覺得安慰。他認為在賣場必須「百分之百實現」，現連一半的目標都未達到。再加上消費者的需求不斷在變，新商品可能有缺貨問題等等，減低「機會流失」，並非易事。

為了控制好商品項目，因應消費者確切的需要，一方面要儘早淘汰賣不出去的商品，並陳列出暢銷商品。同時要顧及消費者的選擇範圍是否會減得太多，無法達到購物的樂趣。另一方面，小型商店還得避免速食品（如便當、飯糰、三明治、菜餚等）淘汰率太高。

日本7—11公司就是如此針對每一商品做審慎的評估與替換，才得以向減少「機會流失」邁進。

◎減少項目，提高盈收

日本7—11公司和7—11便利商店是採連鎖營業網（Franchise chain）合作方式。日本7—11公司為總部（Franchiser），7—11則為加盟店（Franchise）。加盟店享有商標（看板）使用權，總部並提供經營KNOW-HOW，相對的，加盟店需付加盟費用。

通常，總部不能以「你應該這樣做」等等命令來強制加盟連鎖店，只能從旁提意見、指導，但日本7—11公司卻能做到完美的溝通與協調。因此，和其他競爭對手比起來，7—11最能將總部的經營理念和戰略直接反映在賣場上。

舉例而言，在東京二三區內有一家7—11便利商店，店主本人是流通業者出身，對暢銷商品缺貨時造成的損失有多大，他很淸楚。一方面他自己本身習慣在店內陳列豐富的商品，另一方面附近有其他競爭商店，因此，為了確保顧客，他在店內擺滿了各式各樣商品，使得消費者想要什麼都可買到，這樣，顧客才不會因缺貨而至其他商店購物。

結果，不得不淘汰的商品越來越多，像便當、飯糰等保存期限只有二十四小時，牛乳只有七十二小時，其他滯銷品也經常要淘汰，使得店主深感困擾。

之後，店主接受7—11現場諮詢人員（operation Fieldcounselor，簡稱OFC）的輔導，改變經營方針。他根據每日天候、氣溫、地方辦的活動等等，預測當日或某一時段會暢銷的商品，然後備貨。以「暢銷商品絕不能缺貨，正確減少滯銷商品項目」的方針，大大改變了店內商品的項目和數量。

以便當和三明治為例。二年前，便當有十三種，一年前減為十種，現在再濃縮為七種。雖然種類減少，但暢銷便當陳列的數量則增加。例如，暢銷牛丼四面（陳列面），烤飯糰和魚卵飯糰三面，生菜三明治五面，綜合火腿三明治三面。

米飯的種類也用同樣的方法，在二年前減少了一半左右。銷售額因而提高了百分之五十。糕點的種類也從一開始的四十五種於四星期內減為三十三種，銷售量提高百分之二十，滯銷品淘汰率則降低了百分之四。

總之，這家7—11便利商店克服了總公司鈴木會長提出的問題：

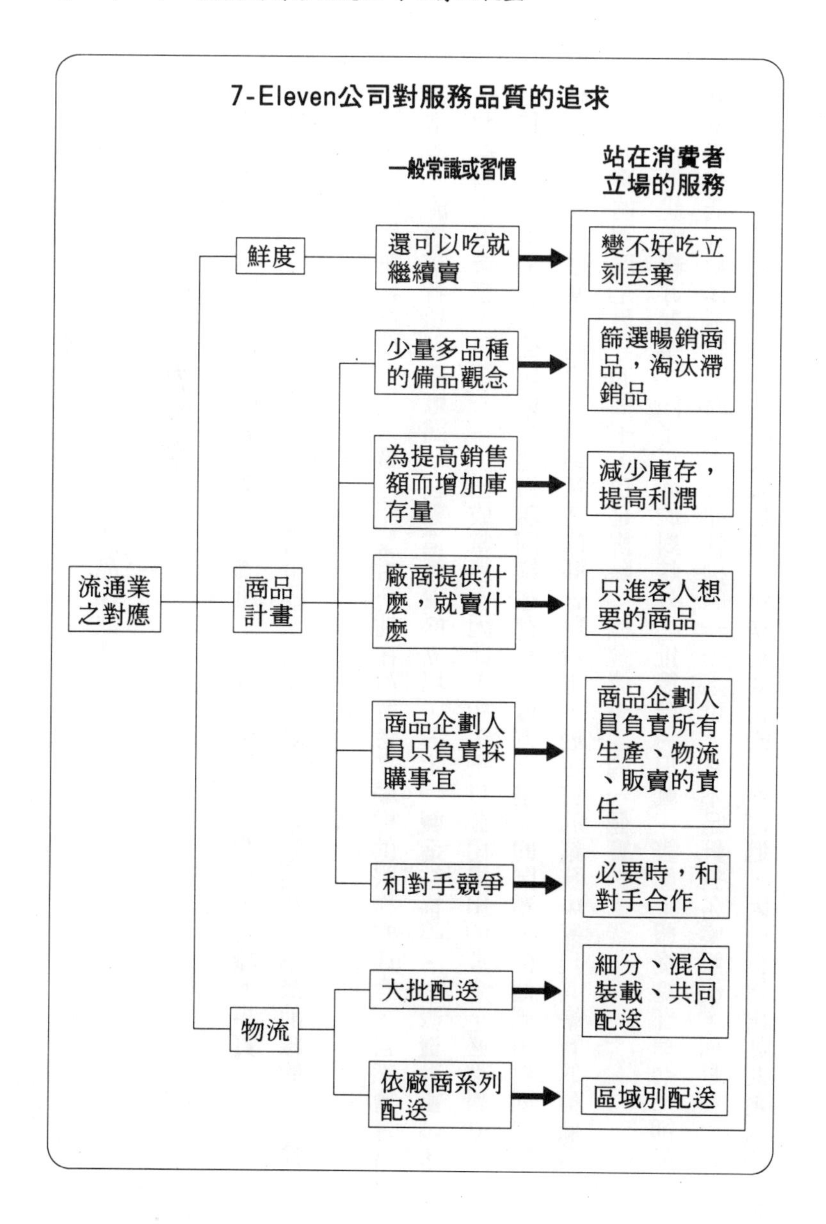
7-Eleven公司對服務品質的追求
一般常識或習慣
站在消費者立場的服務
流通業之對應
鮮度
還可以吃就繼續賣
變不好吃立刻丟棄
商品計畫
少量多品種的備品觀念
篩選暢銷商品，淘汰滯銷品
為提高銷售額而增加庫存量
減少庫存，提高利潤
廠商提供什麼，就賣什麼
只進客人想要的商品
商品企劃人員只負責採購事宜
商品企劃人員負責所有生產、物流、販賣的責任
和對手競爭
必要時，和對手合作
物流
大批配送
細分、混合裝載、共同配送
依廠商系列配送
區域別配送

△商品過剩　非暢銷品陳列過多
△商品不足　客人真正需要的商品卻缺貨

◎持續修正流通業界觀念

「機會流失」的問題，推翻了深植於流通業者及一般社會上的根本常識。事實上，日本7—11公司經常提出和一般常識相反的價值觀，並進行變革。始終站在變革最前線的，是鈴木敏文。

當然，他們並非為反對「常識」而反對。站在消費者立場提供服務的理念，自然會違背一般常識。流通業者和製造廠商站在製造販賣的立場，擬定「製造結構」、「販賣計劃」，並依此結構推展業務，日復一日，已成常態，因此，和7—11公司提出的理念，必然對立。

其實，日本7—11公司與其連鎖店同樣也存有「賣方立場」的問題，但他們坦然面對既成觀念，在與其他便利商店、流通業者的觀念對峙下，於每日的業務中體現其嶄新的價值觀。第一九頁的圖就是最好的例子，也是排除「機會流失」的一個實例。

這樣的變革絕非易事。除了正面的對峙外，扯後腿、搗亂、表面上服從總部命令，卻又故態復萌的抵抗動作不斷，而7—11亦執拗的一一應付。它不是針對各案解決，而是在「站在顧客立場，追求服務品質」的大觀點下，建立制度化的因應之道，因而創造出如此驚人的收益。

◎來自加盟店之收益基礎

談到7—11能超越一般觀念而獲得高收益，可從四個層面來探討。

第一，經營制度。第二，會計制度。這兩點是締造高收益的理由；另外兩點是指高收益的來源，其一是7—11總公司，然後是7—11的連鎖店。

所謂經營制度，是指如何將「站在消費者立場追求服務品質」的理念戰略化。是否已在賣場中實現？經營KNOW-HOW蓄積、活用的程度多少？在FC制度下，總部和加盟店各自發揮了多少作用等等。

會計制度包括加盟條件、費用及開放會計。其中，開放會計不太為外人所知，總部和加盟店之間每日的帳務都透過此法處理。這一點在第二章以後再詳述。

在這兩個制度運作下，總公司和連鎖店都締造了驚人的業績。特別是日本7—11公司的盈收率之高，一般上市公司都無法想像。

日本7—11公司的收入基礎來自於可觀的店鋪數量和一個店一個店的收益力。店鋪數量越多，各店收益越高，總公司的銷售額和利益也越高。

根據一九九四年二月期決算時的統計，7—11有如下的店鋪數：

○7—Eleven　　五四七五家

○Low Son（羅森）　四八三六家

○Family-Mart（全家便利商店）　　三五〇六家

7—11在夏威夷還有四十八家店鋪，和日本的加起來共五千五百二十三家店。全家便利商店的三千五百零六家店鋪中，包括區域連鎖網（AREA FC）。

所謂區域連鎖店，是指在總部和加盟店中間某特定區域設立區域總部。區域總部一樣認同總公司之經營理念，並簽定契約，然後在區域內徵求加盟店。如果扣掉區域連鎖店，全家便利商店有二千五百一十二家。

從下頁圖可以看出，在日本全國四十七都道府縣中，有二十一個都道府縣設有7—11的店鋪，尚有二十六縣沒有分店。和一九九一年比起來，並沒有變化，因此未來設立連鎖店的空間比其他便利商店網更大，這也就是店鋪數最多的原因。

7—11在一定區域內之店鋪密度數之所以高出同業那麼多，是為追求「集中店鋪戰略」（Dominant）。因為集中店鋪有許多另人期待的效果：①可在短時間內配送。②配送距離短，延滯因素少。③可在預定時刻配送。④容易阻止競爭者參入。⑤縮短ＯＦＣ移動時間，使他們有更多時間輔導連鎖店。⑥提昇區域知名度。

自創業以來，7—11的店鋪數量一直保持在第一位。與名列二位的羅森便利商店數有相

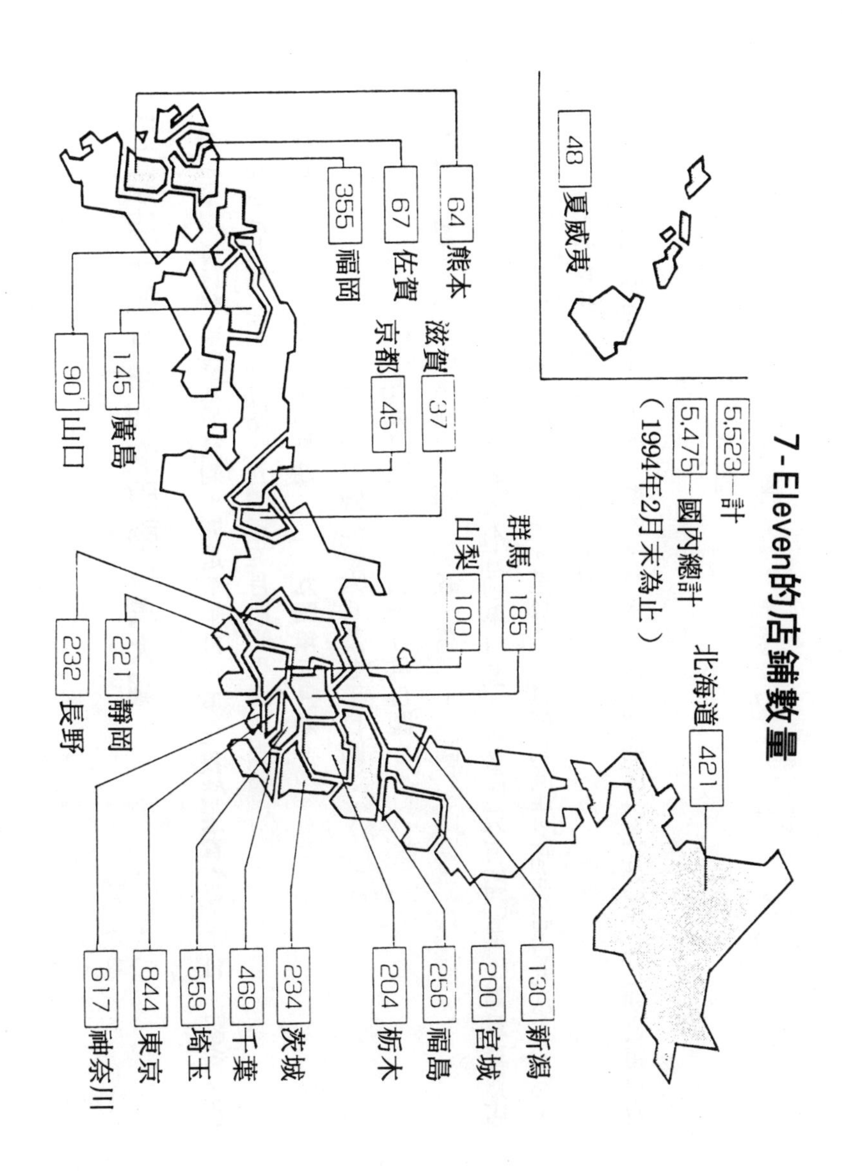
7-Eleven的店鋪數量
5.523 計
5.475 國內總計
（1994年2月末為止）
48 夏威夷
421 北海道
130 新潟
200 宮城
256 福島
204 栃木
234 茨城
469 千葉
559 埼玉
844 東京
617 神奈川
185 群馬
100 山梨
221 靜岡
232 長野
37 滋賀
45 京都
145 廣島
90 山口
64 熊本
67 佐賀
355 福岡

當的差距。

◎平均一家店一個月淨利突破兩百萬大關

每一家店平均每日營業收入最高的，亦是7—11。現在我們來看看7—11、Low Son和全家便利商店一九九三年二月期、九四年二月期的平均日販額：

店鋪名	九三年二月期	九四年二月期
○7—11	六八萬二千日圓	六八萬七千日圓
○Low Son	四十五萬日圓	四十五萬日圓
○全家便利商店	五一萬九千日圓	五一萬三千日圓

其中，Low Son加盟店每日營業收入為五〇萬日圓，直營店只有四〇萬，而且直營店所占比率高達二七%，以前甚至占一半以上。至於7—11便利商店之加盟店占九八•一%，直營店一•九%，而且此比率長期以來沒有改變。

順便看看「便利商店速報」上所刊載的，日本三大便利商店一九九〇年二月期之每日營業額：

○7—11　　五六萬五〇〇〇圓
○Low Son　　三四萬九〇〇〇圓

○全家便利　　四五萬六〇〇〇圓

還是由7—11便利商店拔得頭籌。

以現在的六八萬七〇〇〇圓來算，一家店一年的銷售額為二億五〇七五萬五〇〇〇圓。用九四年二月期的毛利率二九・四%計算一下，一家店之平均年毛利約為七三七二萬圓。

二十四小時營業的連鎖店需付給總部的加盟費是此毛利的四三%，十六小時的則為四五%。那麼一家店鋪的總收入就可計算如下：

●二十四小時營業店　七三七二萬×五七%＝四二〇二萬圓

●十六小時營業店　七三七二萬×五五%＝四〇五五萬圓

再將之除以十二個月，月收入如下：

●二十四小時營業店　約三五〇萬一七〇〇圓

●十六小時營業店　約三三七萬九二〇〇圓

在扣除了各店鋪的人事費用、瑕疵品等營業費用後，利潤還是相當高。假設我們把這筆營業費設定為一三〇萬圓，那麼各店每個月淨利如下：

●二十四小時營業店　約二二〇萬一七〇〇圓

●十六小時營業店　約二〇七萬九二〇〇圓

這個數字和一般上班族的薪資相比，高出太多了，就算把營業費再提高到一五〇萬圓，二十四小時營業店仍有大約二〇〇萬圓的淨利，而十六小時的店也有一八七萬圓。其實，通常只要開店五年以上，加盟費會因為許多條件明確而降低，二十四小時營業店一般是四〇%，其他的四二%，所以淨利就更多了。

當然，這是根據每日平均營業額為基礎來計算。事實上，有些店的利潤更高，有些店則低很多。總公司不能保證加盟就一定能達到這個水準。

以上舉的是A類型的例子。所謂A類型是指土地、建築物為店主所有，收銀機、POS等則有總公司租與。以前也有店主本身備有這些設備的B類型店，只有一家，現在已沒有這類型的店了。

另外，還有一種是總部透過連鎖營業契約，提供土地、建築物給店主營運的C類型。當然此類型的加盟費比A類型高。許多店主在經營一段時間後都獨立出來。7—11便利商店有二五%是屬於這類C類型商店。

高達45～46%的總部收益率

◎景氣低迷中創佳績

7—11雖從「零經驗」開始經營起，其收益卻能與一流大企業經理、董事長的收入相比。各店鋪的營業額、利潤之高，及店鋪數之多，和日本7—11公司的收益環環相扣。日本7—11公司的收入分成營業收入（加盟店的費用及其他營業收入）和銷貨收入。其中，加盟店的費用視其與7—11公司協定之費用而定。銷貨收入是指源於自營（直營）店和經營委託店（後有說明）的收入。

據推算，加盟店的營業收入如下：一九九二年二月期決算時突破一兆圓大關；九三年二月期為一兆一千九百四十九億圓；九四年二月達到一兆二千八百一十九億圓。九二年是「平成」景氣低迷相當嚴重的年代，而7—11便利商店在這一時期的營業額竟還能突破一兆圓。

加盟店的營業額越高，總部的收益當然就越多。

年度	來自加盟店的收入	其他營業收入
●九二年二月	一四一四億五四〇〇萬圓	九億圓
●九三年二月	一五六七億九八〇〇萬圓	八億二二〇〇萬圓
●九四年二月	一六九二億三九〇〇萬圓	七億四九〇〇萬圓

這個金額再加上銷貨收入就是日本7—11總部的營業收入。扣掉銷貨成本，就是總公司的營業總收益。通常，廠商、批發商、零售店的製造價格、銷貨成本等在總收入中占有相當的比例，使營業總收入一下子減少許多。然而，對日本7—11公司來說，即使扣除這些成本費用，總收益仍相當高。

科目	九三年二月期	九四年二月期
●營業總收入	一八一九億六二〇〇萬圓	一九五六億六七〇〇萬圓
●銷貨成本	一八一億八二〇〇萬圓	一九二億一七〇〇萬圓
●營業總收益	一六三七億七九〇〇萬圓	一七六四億五〇〇〇萬圓

換句話說，營業總收入和營業總利益之比例，九三年二月期是九〇%；九四年二月期是九〇・二。而九一年二月期和九二年則分別為九二・一%、九〇・八%。

◎擴大經營規模，提高利益率

營業總收益扣掉販管費（販賣費及一般管理費）後的營業淨利仍很高；而營業淨利扣除非營業損益後之稅前盈餘當然也是很高。相對於銷貨收入，營業淨利率和稅前盈餘率如下：

決算年	**營業淨利率**	**稅前盈餘率**
●九三年二月期	四三・〇％	四六・八％
●九四年二月期	四二・四％	四五・〇％

沒有一家上市公司有如此高之收益率。

一般而言，企業經營規模越大，效率越差，收益率也會降低。那麼日本7—11公司是否也面臨同樣的問題呢？讓我們來看看從前的收益率表。如表所示，基本上經營規模越大，營業淨利率和稅前盈餘也越高。從最近高達四五・六％的情形，就能了解經營效率有多高。同業便利商店網之總部大概無法如此有效率的經營吧！

為什麼收益會這麼高呢？一個原因是連鎖營業

7-Eleven公司之毛利益率

年度＼項目	店鋪數	營業利益率	稅前盈餘
1980年2月期	801	20.3%	22.2%
1982年　〃	1,306	17.7%	21.5%
1984年　〃	2,001	26.3%	28.7%
1986年　〃	2,651	30.7%	33.0%
1988年　〃	3,304	43.0%	45.1%
1990年　〃	4,012	43.4%	48.6%

註：小數點二位以下四捨五入。90年2月期的店鋪數含夏威夷之48家店鋪

網型態造成的。FC的總部提供經營Know-How軟體，並根據此軟體進行經營指導，可說已成為「營業支柱」了。這種營業型態稱為諮詢顧問業。

一般找諮詢顧問的顧客，有各種行業、產業、各種營業型態，各種經營規模。這一點，7—11的顧客（店主）遵循著標準型態——「一店面積三十坪，三千種商品」經營，無論店鋪數增加多少，都可提供同一Know-How。

更進一步探討，店鋪數越多Know-How也累積越多，一樣的Know How也可以提供更多的店鋪使用，因此效率自然提高。

當然，也必須考慮不同地區有不同需求，不過，所有店鋪的Know How以成共通的基礎。再加上活用加盟店和製造商等（總部推薦的廠商、批發商，負配送責任），更能提高效率。以下說明活用內容：

A…加盟店的活用

B…機械（POS系統）的活用

C…車（擔任配送的廠商、批發商）的活用

D…會計的活用

E…商品混合裝載配送的費用

三大便利商品之加盟費用

契約內容＼店名	7-Eleven	Low Son	Family Mart
開店所須費用	總額300萬圓 ［內容］ 研修費　50萬圓 開業代辦費　100萬圓 開業資金　150萬圓	總額300萬圓 ［內容］ 契約金　150萬圓 權利金　150萬圓	總額300萬圓 ［內容］ 調查教育費　50萬圓 加盟金　50萬圓 開業代辦費　50萬圓 商品、雜費預備金　110萬圓 貨幣兌換金　40萬圓
加盟費用	毛利分配方式 A類型　24H　（43%） 24H以外　（45%） 開店5年店鋪之遞減費用 ■日銷售額30萬圓以上（-1%） ■年間銷售總利益5000萬圓以上，再（-1%） ■　〃　〃　7000萬圓以上，再（-1%） 契約更新後，再依現行費用減低 1～5（-4%）、6～10年（-5%） 11～15（-6%）	實際營業額 （含營業許可商品） 24H　32% 24H以外的店 35%	毛利益分配方式 ［營業總利益＝ 結算盈餘＋營業收入（回扣等）］35% 24小時營業店，一年有120萬圓的獎金。
	契約期間　15年	10年（更新費150萬圓）	10年

資料來源：『1993日本總合零售連鎖店』

◎總部負責八〇%水電費

有些人批評7—11總公司之所以有驚人的收益，是因為從加盟店收取的費用過高。那麼，7—11所收的加盟費到底有多少呢？上圖為7—11和其他連鎖便利商店加盟費比較表。7—11公司的費用確實比較高，但是，總部負責加盟店八〇%的水電費用。

7—11的店鋪量越多，總部的水電費支出也就越高。九三年二月期的水電支出為一二九億七三〇〇萬圓、九四年二月期為一三八億一二〇〇萬圓，在販管費中，是僅次於人事費用和廣告宣傳費的成本費用。

那麼，7—11總公司為什麼願意

負擔這麼高的費用呢?因為他們不希望店鋪節省水電費。如果店鋪為了節省這些費用，導致冷氣不強、冷藏庫不夠冷、日光燈不開等影響消費服務品質的現象，不但有損店鋪形象，也無法維持商品新鮮度。對7—11整體形象，打擊更大。

前面提過，在加盟條件中，A類型的店主擁有土地、建築物所有權，但是收銀機等販賣設備則由總部租賃，這也是因為總部顧慮到店主會因為擔心溫度管理費用太高而不願意購買符合公司要求的設備。如此一來，就無法做到統一商品管理。B類型店鋪也是因此而廢除的。而C類型店鋪，當然也是由總部提供販賣設備。

◎符合高加盟費之系統

如果從總部負擔八〇%水電費這一點來看，7—11的加盟費似乎就沒有那麼高了。但是，一般而言，這筆費用也不算低。那麼，7—11公司是否提供了相對的經營Know How給加盟店呢?

加盟契約書中，對於「7—Eleven charge」所涵蓋的內容，規定如下:

一、商標使用許可費

二、設備之經費(含POS系統)

三、定期盤點存貨服務

7-Eleven之制度內容

⑴抽象和具體的制度

①抽象的（增加銷售額和減少經費的制度）。
②具體的（增加銷售額、經費管理的具體制度）。

⑵客人看得到和看不到的部份

①看得到的部份（四大基本原則、宣傳、廣告、促銷、店鋪格局、配色、陳列架分配、設備、器具、售價、銷售品的配置、服裝、海報、橫幅標語等）。
②看不見的部份（推薦批發商及新商品、店員的工作計劃、進貨＆配送系統、下單系統、POS系統、內場庫存管理、進貨資金等之信用貸款、會計簿計處理、OFC的經營諮詢等）。

⑶開店前和開店後

①開店前（地理環境調查、預測收益、提供信用融資、店鋪設計，施工、實習、研修等）。
②開店後（⑵的①②項）。

⑷有形和無形系統

①有形系統（「系統手册」、「訓練手册」、OFC、RFC、商品訂貨總帳、GOT＆POS機器、各種報告書、帳票類、透過電視、收音機的宣傳、廣告、店鋪地點、設備、器具、貨架總帳、服裝、商品、包裝紙類等）。
②無形系統（開放會計處理、下單系統、POS系統、批發商、新商品之推薦、滯銷品之淘汰、配送系統、各種促銷計劃、定期盤點、報告書、帳票類的寫法和手續、兼職人員之訓練、經營諮詢等）。

⑸人、資金、東西

①人（RFC之立地、銷售預測、總公司建築設備總部提供之店鋪設計；OFC提供之經營諮詢）。
②資金（提供進貨金信用貨款、開放會計之會計處理等）。
③東西（⑷之①有形系統部份）。

四、廣告宣傳（電視、廣播等）
五、會計服務
六、經營諮詢服務
七、水電費
八、報告用表格、帳簿類

這是最簡單的說明。事實上，7—11公司在各方面都已系統化，被稱為「系統（軟體）產業」。前表就是7—11公司提供給加盟店的詳細系統分析。

除此之外，7—11公司還引進各種共濟制度、輔助店主制度，來支持加盟店，內容如下頁圖。

◎總部和加盟店的橋樑——OFC

7—11公司收益高是透過連鎖營業網制度販賣便利商店經營Know How的結果，但並不光是因為經營Know How這個軟體內容水準高而已。

一、構築高度系統，透過情報系統連結總部、加盟店、廠商、批發商和共同配送中心的網路。

二、體認市場需求變化快速，隨時因應變化。

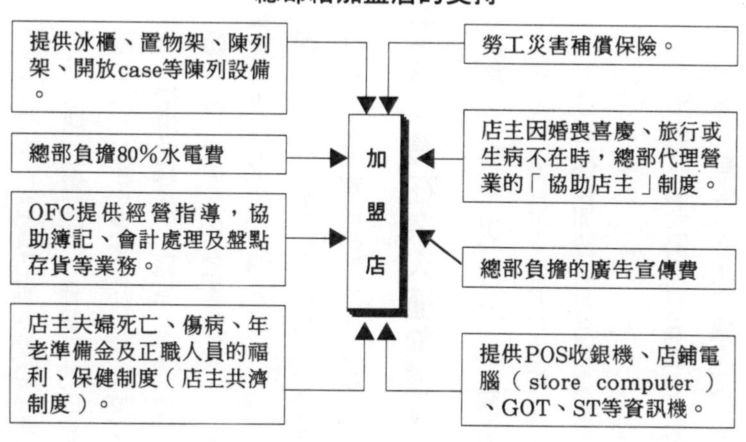

三、為實現「站在消費者立場服務」的理念，不求自身利益，不斷改革現狀。

四、與批發商、廠商等合作，改革生產體制、物流體制和販賣體制。

五、將總部的想法、制度等，直接地、嚴密地、確實地反映在加盟店中。如果加盟店不能徹底貫徹「以顧客為中心」的服務理念，那麼，不論總部的經營技巧、系統、戰略有多完美，一定會和加盟店的服務水準產生相當大的落差，導致客人對7—11的服務產生不滿，不願再來光顧。店主做什麼全照自己的意思，使總公司無法維持鮮度管理、商品管理和販賣的統一性。

因此，為了徹底將總部的經營策略反映在加盟店中，總部配置了OFC，也就是店鋪指導員。

在日本7—11公司中，FC分為兩個部門，一個是RFC（Recruit Field Counselor），一個

是OFC。RFC負責店鋪的開發，等契約簽定後，再由OFC進行經營指導的工作。

OFC屬經營部門，經營部門的組織由上而下依序如下：

■ZM（Zone Manager）：除了北海道、東北和關東以外，全國十個區域配置十位區域經理，指導監督每一區域七～八位的DM（地區經理）。

■DM（District Manager）：在全國八十一個地區事務所都配有一名地區經理，負責監督、指導七～八位OFC。

■OFC（Operation Field Counselor）：每一位OFC負責七～八家店鋪的營運指導。每月至少巡視店鋪兩次，每次花二、三小時在現場輔助指導。總人數約七百位。

◎工作人員在衆人面前遭叱責

通常，一個公司的指示，都是透過既定的組織順序，由上往下傳遞。日本7—11公司的程序就是ZM→DM→OFC。但是，OFC卻異於企業的營業員，他們肩負著不同的使命。

7—11總部和加盟店是各自獨立的事業體，而維持這兩個獨立事業體之間密切連繫的是OFC。

九四年二月期全國共有五四七五家7—11，要使這五四七五家店如同同一企業，用相同的步調前進，首先，必須先讓全國七百名OFC步調相同，素質劃一。唯有OFC維持其水準，全國各店鋪才能保有相同的水準。此外，OFC還須針對不同地區不同的問題和需求，提供店主正確的因應之道。

一般而言，百貨公司或超級市場的分店和總部屬同一企業資本，也就是所謂的（Regular Chain）。在這種連鎖形式下，如果A店盈餘六十億圓，B店虧損三十億圓，那麼整體而言仍有三十億的盈餘。但是特約加盟連鎖系統的加盟店和總公司是各自獨立的，盈虧是採獨立核算制。如果某一家店虧本了，它並不是五五○○分之一，而是立即牽涉到店主的生死存亡。

因此，日本7—11公司比其他企業更徹底貫徹「提高各分店收入、利潤」的理念。當然，每一家分店的營業收入和利潤都有差別。也有不論如何都無法順利營運而倒閉的店鋪，但數目不多。

OFC代表總部，代理會長、社長（栗田裕夫）巡視各加盟店。本來應該由會長、社長親自與加盟店接觸，但實際上不可能做到，因此，由OFC代理，負責經營諮詢的業務運作。

為此，日本7—11公司每星期二召集全國的OFC聚集一堂，舉行所謂的「立即溝通」會議。會場包括RFC、DM、ZM等，共有九百人左右。

日本7—11公司位於東京芝公園，鄰東京鐵塔，白色大樓是伊藤榮堂的辦公大樓，7—11總公司位於九樓和十樓。

ＦＣ會議在地下二樓的大禮堂舉行。由於人數衆多，有時還須借用隔壁禮堂，被擠得站在牆邊的人亦不在少數。

會議從九點鐘開始，不準遲到。如果遲到就不準出席。有些擔心遲到的ＯＦＣ甚至於開會前一天住進總公司附近的商業旅館，或者在公司停車場內渡過一晚，以避免當日因塞車而遲到。

總公司之所以如此嚴厲，是希望所有的ＯＦＣ能在同一場所得到相同的資訊——同質、同量的資訊。然後才能將同樣的資訊傳遞給全國的加盟店。

ＦＣ會議總是緊迫密集，並常常聽到鈴木敏文會長的叱責聲，針對工作人員是否做到「站在消費者立場服務」的推展工作。在一大堆ＦＣ面前遭叱責是常有的事。

◎同一區之ＯＦＣ一週會合一次

讓我們來看看ＯＦＣ如何活動？ＦＣ會議的內容如何活用於店鋪指導中？

擔任ＯＦＣ的Ｔ先生負責關東海岸地區的十一家店鋪。此區為觀光、遊覽勝地。

一個上班族的一週始於星期一，Ｔ先生的一週則從星期二開始，因為星期二舉行ＦＣ會議。

Ｔ先生每週二上午八點就到總部和同一地區辦公室的ＯＦＣ討論事情。在地區辦公室，

ＯＦＣ沒有屬於自己的桌子和椅子。他們都是直接前往負責的加盟店，然後，再直接從加盟店回到住處。所以，星期二是唯一能和同辦公室同事見面談話的日子。

另一方面，由於會議一開始就會很緊張，他們通常會提早一個鐘頭到公司，一邊聊天，一邊交換資訊情報，使自己放鬆。並事先看看會議用的資料，整理頭緒。

會議在上午、下午分二次進行。

●ＦＣ會議（九點～十一點半）

午餐後

一、分科會議

二、區域會議（Zone Meeting）

三、地區會議（District Meetion）

ＦＣ會議內容包括①事例研究，②商品情報，③會長、社長訓示，④其他傳達事項。事例研究由ＯＦＣ本身提出報告，分析所舉事例的問題和因應對策，供指導店鋪時的參考。Ｔ先生一邊聽其他ＯＦＣ的報告，一邊思考自己負責區域店鋪的情形，然後在腦中整理，以便待會兒能好好表現。

下午的分科會議，店鋪營運部門和招募部門分開。另外，再依區域別開會，將會議細分化。

所有會議結束後，大都已經五、六點了。七點左右，同一區的OFC每人手持兩瓶啤酒，在電車上談天說笑。

星期三早晨，T先生於六點半起床。一張開眼睛，立刻打開收音機，收聽FM的地方消息。

「FM海灣情報網」通常會播報關於海浪的消息，所以衝浪運動者都會收聽這個頻道。如果海浪適合衝浪，衝浪者會立刻擁向海邊。這麼一來，位於海邊的7—11的生意也會好起來。便當、飯糰、麵包都會銷售一空。為了使加盟店得到消息並多訂一點貨，T先生立刻打電話到加盟店，請他們追加訂貨。

只是在當天上午十點以前，都可以訂貨。所以，OFC要儘量在十點以前打電話給加盟店。

◎從成果中產生信賴感

T先生將負責巡查的十一家店鋪分成二單位，A單位星期三、五，B單位於星期四、一分別去視察。第一次拜訪時提供FC會議上提供的情報，並驗證上週的假說。第二次拜訪時查證實施情形，並修正假說（關於假說和驗證，請參照第四章）。

OFC一到7—11商店，馬上將雞毛撣子插存後面口袋，然後內外審視一番。巡視時的四大基本原則為①清潔度，②親切的服務，③鮮度管理，④商品齊全。如果看到垃圾，他們會立刻撿起來，有灰塵就用雞毛撢子撢一撢。

之後，再到店裡的辦公室和店主開會。開會內容大致如下：

一、剛才檢視的評鑑報告和具體建議。

二、根據ＰＯＳ資料上單品別商品動向，討論這週應注意事項。

三、根據天氣預測、地區活動、其他市場動向等建議訂貨內容。

四、傳達前一天開會所得情報、鈴木會長和栗田社長的話等。

商品動向方面，ＯＦＣ會提出「推薦取消商品」建議案。此案提出二星期後，即使店主想訂貨也不行。

Ｔ先生除了總部的「取消提案」外，自己也製作了「預定取消商品」建議書，然後和店主一一討論。

如果某商品在被淘汰的一星期前還有一定的銷售量，ＯＦＣ會建議店主儘量把擺在顯眼的位置，並將同一時期的滯銷品淘汰，如此才能空出位子，準備導入新商品。

日本7—11公司ＯＦＣ就是這樣子在指導加盟店。然而，有些店主非常頑固，認為ＯＦＣ年輕缺乏經驗，或者自己有自營經驗而ＯＦＣ沒有，因而不願接受ＯＦＣ的指導。另外有些店主依賴性太重，也是個問題。

在這種情況下，T先生仍然清楚地說出該說的話。因為他認為要建立真正的互信互賴關係，就應該把彼此該做的分清楚，並確實實行，達成提高營業額的成果。

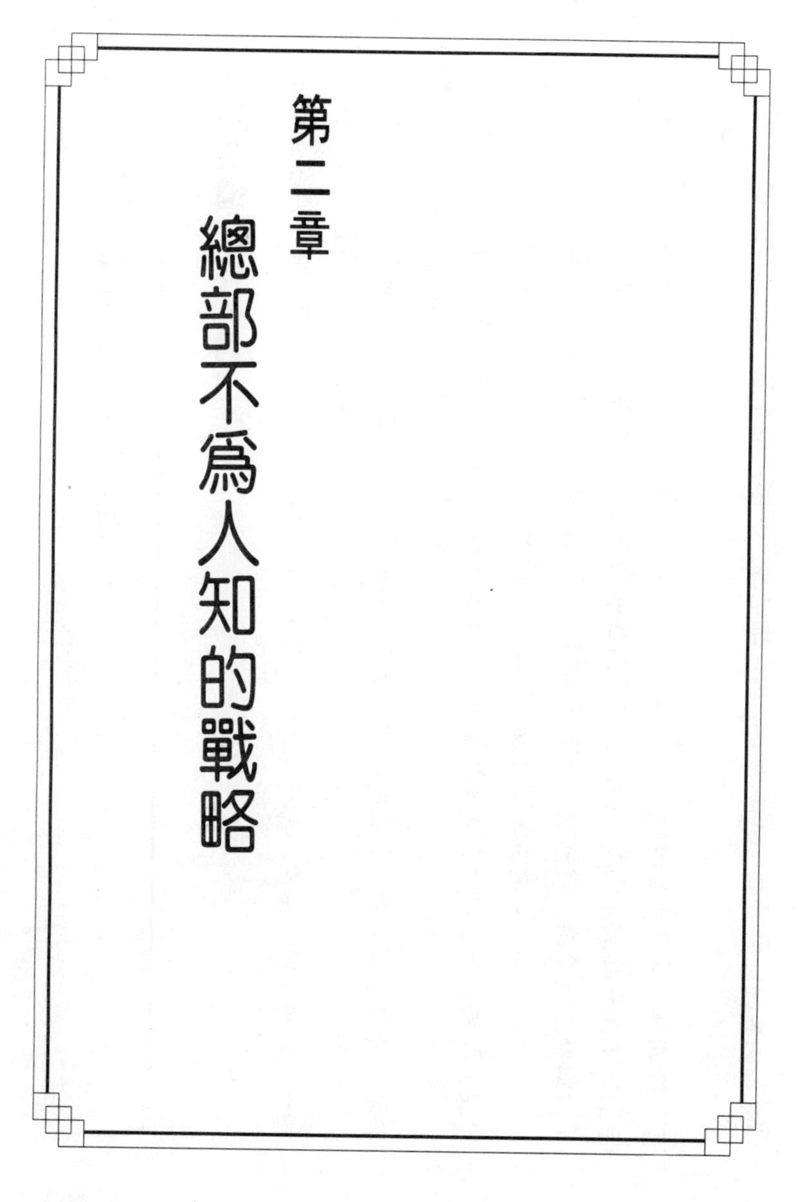

第二章　總部不爲人知的戰略

矛盾並存能提高服務品質

◎面對走道工作的員工

走進伊藤榮堂集團的大樓中，正面是服務台，服務台後面的牆上掛著「對應變化、貫徹基本」的標語，數年來不曾改變過。

搭乘的電梯中只要有他們的員工，你就會聽到一聲「歡迎光臨」，女性員工甚至會問你要到幾樓，然後為你按鈕。

日本7—11公司位於九樓和十樓。但是，第一次進去時的奇特感至今仍無法忘記。辦公室雖呈開放狀態，所有的桌子都面對同一方向，所有員工都面對著訪客。

為什麼會做這樣的安排設計呢？公司認為，不管員工多專心在工作，背對著訪客就是一種不禮貌的行為。伊藤榮堂集團的員工禁止將手插在口袋裡走路。有些人無意中就會自然而然有這個動作，因此，聽說在一九六五年左右，有一名員工在剛進公司不久時，將自己的口袋縫起來。

另外，他們的員工也不能一邊走路，一邊吸煙，即使在外面也一樣。但是在總公司出入的人那麼多，難免有人會丟煙蒂。因此，為了保持地下鐵日比谷線的神谷町站到總公司大樓這段路的清潔，員工定期清掃這段路。

從以上敍述的種種，我們可以明瞭三件事：第一，實踐「站在顧客立場服務」的理念。第二，從最小的地方開始實踐這個理念。第三，徹底執行這個理念。

◎自我否定＝自我變革

在經營方面，伊藤榮堂集團一樣追求完美。日本7—11公司的徹底追求態度，又居集團企業之首。

站在顧客立場服務的理念，執行起來一定碰壁。即使在流通體制和自己公司現狀的範圍內，也有一定的限度。一靠近這個限度，周圍的反抗就變強。因為這與工作結構和業務進行方針、業界習慣等相抵觸。「站在顧客立場」聽起來很簡單，實際上在執行時，容易和周圍起摩擦、遭白眼，或被孤立。

的確，在現狀範圍內盡力而為也是很重要，但是這並沒有做到站在顧客立場，追求服務品質的理念。所謂「最大限度的努力」有兩種表現方法。

一種是在現狀中盡力而為，換句話說，就是「**站在自己的立場，徹底追求對顧客的服務品質**」。

另一種則是在必要的時候，打破既有業務、工作結構和習慣，然後追求「站在顧客立場」的服務理念。換句話說，就是「**即使自我否定，也要站在顧客立場**」。

自我否定相當痛苦，一方面必須否定自己既成的價值觀、生活態度和累積的經驗；另一方面，必須面對現實的抵抗，精神壓力大。

但是，現代是顧客需求快速變化的時代，為了因應這個變化，廠商、批發商、販賣業者之結構、販賣方式等也必須趕上變化的節奏。如果不自我否定，就無法應付這變化。

也就是說，對於既成的營運結構，要產生「這樣就可以了嗎？」的懷疑態度，而不光是為了符合需求而自我否定。從這個角度來看，「自我否定」就是要將「自我變革」融入業務項目中。

日本7—11公司就是將自我變革融入每日業務的大企業。

◎使矛盾並存

7—11站在消費者立場，迎合消費者需求的服務態度，對顧客而言，非常有利；對7—11而言，可能有負面影響。

舉例而言，7—11商店希望賣出品質高、符合顧客需要，又很便宜的商品。那麼，毛利會減少。如果將降低的價格反映在廠商或批發商的進貨價格上，那等於是將損失轉於他人。

這種對外說得天花亂墜，對內卻欺壓弱小的經營方式不是7—11公司所要的。7—11公司要做到不論是消費者、自己公司、加盟店、廠商和批發商，大家都有好處。但是，商品買賣若一方獲利，另一方應該就會損失。若要實現雙邊互利的理想，等於使互相矛盾的事情並存。事實上，這種「使互相矛盾的情形同時存在」的想法，正是7—11公司的經營之道。

①提供品質優良、符合需求的低價商品，同時讓供給者也能獲利。

②淘汰還能吃，但已不夠好吃的商品，同時降低成本。

③減低庫存量，同時提高了銷貨收入。

④在一般人認為高度化情報系統會導致操作經營上的困難時，仍繼續發展系統，並使操作更簡單。

⑤一方面進行細分化作業，同時降低物流成本（一般認為細分化會提高物流成本）。

⑥一般如果將後來的新商品陳列出來，容易導致舊商品滯銷，增加成本。7—11在後來商品先陳列的情形下，還減少了淘汰商品。

⑦投資新系統的開發，提供加盟店符合加盟費水準的經營技巧，提高加盟店利潤。在特約加盟制度下，總部費用高會造成加盟店利潤減少，希望加盟的人也會減少。7—11避免了這個因果關係的問題。

那麼，是什麼允許這些矛盾並存呢?就是革新、變革，其具體內容例舉如下：

①生產方法和物流系統的變革。
②鮮度管理和單品管理的變革。
③大幅淘汰滯銷品，不讓暢銷品缺貨。
④堅持「不能在現場活用的情報系統，就不能稱為情報系統」的觀念。
⑤革新「混合裝載、細分、共同配送」的物流系統。
⑥洽當訂貨，徹底做好單品管理。
⑦透過給加盟店的提案，實現總部的變革計劃。

就是這樣，使得一般常理認為矛盾的情形同時存在。這就是7—11。矛盾並立的結果就是7—11和總公司驚人的收益。

◎取得競爭廠商的合作

一聽到「品質優良、符合需求、便宜出售」，通常都會把注意力放在「便宜」的部份。其實，7—11公司致力追求的是「更好的品質、更能符合市場需求、更便宜的價格」三個方向齊平的目標，並沒有特別重視或漠視任何一點。

優良品質包括「製造品質更好的商品」和「在商品最新鮮的時候儘快送達」兩個重點。一般零售店提供好品質商品的方法，一個是從上市的商品中發掘最好的；一個是請廠商

提供品質優良商品的結構例（鍋燒烏龍）

［一般零售業］

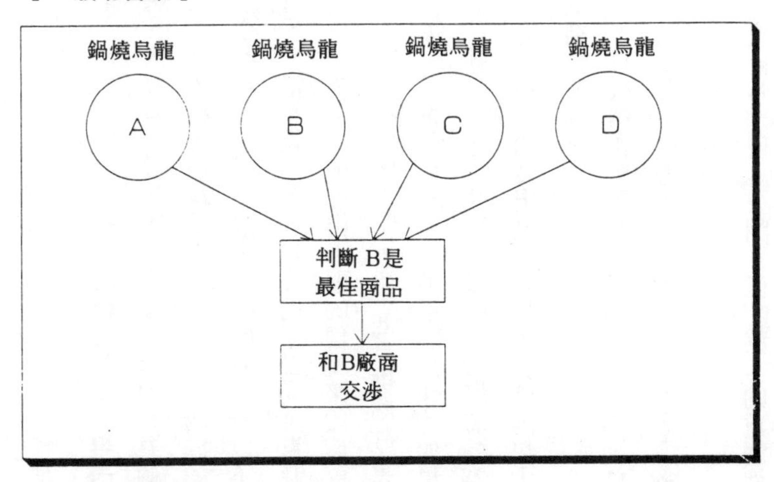

［7-Eleven總公司］

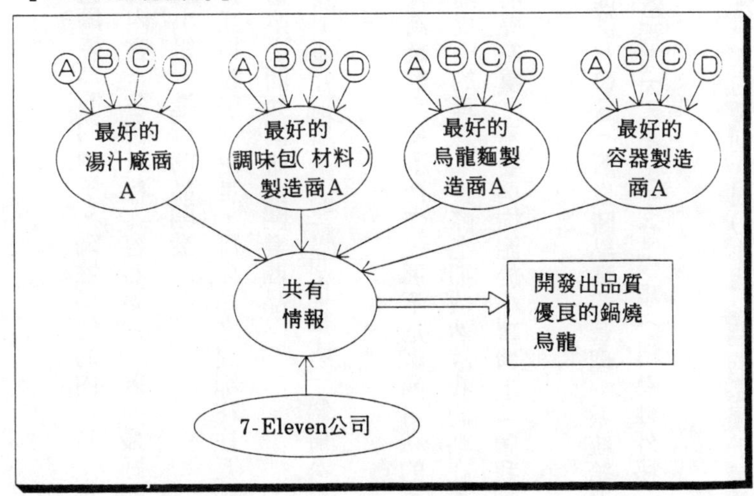

製造好的商品。

7—11公司則有更積極的經營態度。舉一個鍋燒烏龍的例子。鍋燒烏龍的內容有：烏龍麵、肉、天婦羅、湯等等。7—11公司針對個別內容（各個材料、容器等），選擇最好的供應廠商，然後將各個廠商集中到總部，組成一個小組，進行商品開發。

廠商本身各自認為製作別的商品，所以不會互相競爭。但是，母公司之間卻往往互相是競爭對手，當然就不允許自己的子公司或關係企業之間共同研究開發商品。

但是，7—11卻提出下面的理論來說服廠商，連互相競爭的廠商也組成一個稱為MD（Merchan Dizing）的小組（商品供應計畫組）：

「法律上並沒有規定同業不能合作。如果因為是對手就不合作，那不是廠商自私的表現嗎？整天嘴上念著要實行『以滿足市場需要為前提』的理念，實際上卻依然故我的站在生產者的立場。為了開發出優質商品，廠商應以大前提為重，不要再拘泥於小事情上。讓我們大家建立合作關係吧！」

7—11公司和廠商合作的方法是，7—11提供POS（販賣時點情報管理）系統給廠商，廠商則公開生產方法，開發Know How、經營管理Know How等事項（稱為社外秘），這種方式叫做「情報共有化」。

雖然社外「秘」公開，但「秘」的重要性有很大的差別。MD小組公開的是屬於最重要的項目，要公開這些情報，還是需要決斷力。是什麼因素讓MD小組下決斷的呢？一個是7－11標榜的「站在顧客立場，追求商品開發」理念；一個是實現理念後，預測銷貨收益會增加的趨動力。

7－11公司透過豐富的POS資料，做出收益提高的精密預測，然後呈給廠商參考。上面亦包含了成本資料，因此能夠取得廠商信任。當然，大部份結果都如7－11所預測。

◎令人側目的生產、物流系統

接著談談關於「提供更新鮮的商品」這一點。以下大略分成三點來說明：

一、建立7－11訂貨時間受信情報系統，使廠商、批發商和共同配送中心能在最快的速度下製造、配送商品給加盟店，達到立即因應市場需求的水準。

二、提出「縮短廠商交貨時間」的方案，或者要求廠商縮短交貨時間。

三、物流系統的變革。

要實現這三點，必須透過「提高配送次數」（如便當、飯糰等依三餐時間一天配送三次）、「集中店鋪」、「設置7－11專用工廠」、「削減批發商」等POS和物流系統，在第四章將再詳述。

至於「提供符合需求」的商品這一點，可透過豐富的POS情報了解需求的變化，然後由總部推薦符合這需求的商品，並提出商品開發的提案給廠商。

7—11公司常談到生麵型杯麵開發的經歷。數年前，乾麵型拉麵無論是杯裝或袋裝都賣得不好，特別是袋裝泡麵生意落差更大。這可從POS資料中看得一淸二楚。另一方面，資料上也顯示生的烏龍麵和拉麵銷路不錯。

7—11公司推測這是由於消費者希望吃到「真的麵」，喜歡接近自然食物的需求。所以7—11公司就提出開發生麵型杯麵的議案，三年後——日淸食品終於開發了「拉麵王」泡麵，其受歡迎的程度可想而知。

「更便宜的價格」方面，一、建議改革生產方法，以降低製造原價。二、改「預測生產」為「受注生產」或「計畫生產」。三、降低物流成本。四、活用POS資料，以便正確訂貨、淘汰滯銷品，降低成本。

我們舉一個冰淇淋的例子來說明將「預測生產」改為受注生產、計畫生產的意義。

從一九九四年四月起，森永乳業、森永製菓、雪印乳業、赤城乳業、Haggen Daz和7—11公司組成MD小組，向消費者提出「物超所値」的方案。

冰淇淋業者的生產方式，一般都是在接近夏天時預估生產量，然後生產。到了夏天最熱的時候，即使最暢銷的冰淇淋缺貨，也不能再追加生產，即所謂「機會流失」。

另一方面，賣不出去的冰淇淋到冬天仍然在賣。不但新鮮度變差，保管成本也增加。

因此，7—11公司利用多店鋪即時網路（Online Network），結合冰淇淋製造商和7—11商店，廠商根據7—11便利商店的訂貨數量來計畫生產。這樣，就不會有暢銷品缺貨，或者過量製造滯銷品的問題了。

而且，廠商不必在幾個月前就開始生產，這樣更能提高商品鮮度。以往從製造到交貨給加盟店要花一個月的時間，自從物流系統改變後，只要一個禮拜～十天左右，就能交貨。

降低成本，提高毛利益戰略

◎提高鮮度與降低成本並立

接著談談商品淘汰的問題。

一般而言，食品在還能吃的期限，但已不好吃的情況下淘汰，店鋪的成本負擔自然會提高。而且，7—11還會要求廠商嚴格設定保存期限，符合「提供新鮮美味」的要求。除了食品外，電池等商品也都設定保存期限：

△拉麵（袋裝和杯裝皆二個月）；△味噌（三個月）；△海苔（三個月）；△奶粉（六個月）；△電池（一年）；△罐頭（一年）。

每日必需品保存期限例

項目／商品名	送貨次數（每日）	保存期限
麵包	2回	D＋2
家常菜	2	D＋1
醃菜	2	D＋2（不含湯汁） D＋3（含湯汁）
黑輪	1	調理後1日

＊D表示製造日期。「調理後一日」表示放進黑輪調理鍋一天以後。

7—11各店鋪都備有「販賣（新鮮度）保證期一覽表（如上表），保存期限從製造日期開始計算。

便當和飯糰等屬於鮮度保證期較短的商品，通常設定為製造後二十四小時。有些店主還扣掉客人買了以後到回家吃這段時間，在製造完成後二十二、三小時內沒有賣掉就收到後場去。

糕點麵包方面，從九三年秋天開始，以北海道為首實行一天配送三次制度（從吐司先開始），到九七年全國各店鋪都跟進。吐司的保存期限也是自製造完成起二十四小時，牛奶是七十二小時（D＋2）。

保存期限低於二十四小時的是黑輪的湯汁，只有半天。東京都練馬區一家店鋪的店主說：「我們店裡的湯汁一天一定換二次，因為一超過時間，不是味道太濃就是顏色太深。有些便利商店雖然二十四小時營業，但是常有一到深夜就只剩二、三塊蘿蔔的情形，這在我們店裡絕不會發生。」

在北海道某城鎮，有這麼一個例子：

某公司有一位職員到一家糕餅店買蛋糕，回公司後打開一看，已經發霉了。他立刻打電話到糕餅店去，沒想到老闆竟然回答：「發霉沒關係啦！還是可以吃」，然後嘴裡還叨唸道：「最近生意都被大的店鋪搶走了」等等。

7－11公司的做法恰好相反，他要讓顧客享受最好的，嚴格實行這種理念，商品替換率自然就高。並且規定打工的職員不能吃替換下來的食品，店主及其家人也不能帶回家。

在這種情形下，淘汰商品越來越多，成本會提高。於是7－11決定控制訂貨的數量，但是這又會造成缺貨問題。為了使淘汰商品減少，又不缺貨這互相矛盾的情形成立，7－11提出「單品管理」制度。注意每一項商品的動向，然後根據這次訂貨，陳列商品時的情況及銷貨數量等來決定下次定貨的數量。

◎客人會選擇不新鮮的牛奶嗎？

「後進先出」的情形也是一樣。保存期限短的商品一般都是「先進先出」，如牛奶、盒裝菜肴、飯糰、便當、三明治等等。

△「先進先出」：先進的貨品表示比較早製造，比較不容易保鮮，所以，在陳列商品時要將先進來的貨擺在前面，後來的擺在後面。

△「後進先出」：將後來進的貨陳列在最前面，讓客人買最新鮮的。

賣方總是希望儘快把鮮度較差的商品賣出去，這樣，商品淘汰率才會減低，節省成本。

但是，這是賣方自私的想法。這種先進先出的做法，就等於是對消費者如是宣告：「各位，我們店裡有最新鮮的和較不新鮮的便當、菜肴、牛乳和飯糰，希望各位先買不新鮮的，這樣我們才能減少商品的淘汰，希望你們也負擔一點損失！」

因此，7—11徹底實行後進先出的方法。這一點也是透過OFC來指導。有些商品一天進貨二、三次，製造日期重複。那麼，店舖指導員就會請店主依製造時間先後來陳列。

如果同一項商品有新鮮度A、B、C三種貨，其中A是最新鮮的，然後是B、再其次是C，那麼，當A賣完後，新商品又還未送到的情形下，客人只能選擇B，B賣完了則選擇C。這就像強迫客人選擇不新鮮商品一樣。

來便利商店的客人要求很高，他們不會選擇B和C。而且，如果長期以這種方法陳列，客人將對店舖產生不信賴感。所以，最好在後進先出之外，還能做到只陳列剛進的商品、或者讓新進商品儘量陳列出來。

在希望減少的商品淘汰和避免缺貨的狀況下，仍然需要透過單品管理的手段。這樣利用鮮度管理，單品管理來控制商品訂貨量，同時減低淘汰率的作法，使消費者能經常買到新鮮商品，收益也就跟著提高了。

◎減少庫存，增加收益的理由

長久以來，流通業界一直都認為，要提高收入就要多備庫存，所以，如果收益提高，降價損失和淘汰損失也一定會提高。

但是，7—11公司堅決反對這種想法。更嚴密的說，是7—11公司的鈴木敏文會長（原社長）。

鈴木會長是根據「時代的變化」而提出反對意見。在需求大於供給的時代，零售商店的庫存可以說一定賣得掉，所以那是一個依庫存量多少決定勝負的時代。

然而，高度成長期後，時代轉變了，變成了供給大於需求的時代。消費者提高了選擇商品的標準，賣的一方卻依照故我的準備大量庫存，並且自以為這是個少量多樣的時代，更應該多準備幾種商品。

這樣，賣方的賣法和買方的買法中間產生了一條溝，造成大量庫存損失。因此，鈴木才會提出減少庫存才能提高收益的看法。

要減少庫存並不是毫無規劃的減，而是必須透過POS的單品管理方法找出暢銷、滯銷品，然後儘可能快速淘汰滯銷品、備齊暢銷商品。這麼一來，7—11就做到了減少庫存量又能增加盈收的目的了。

失。

另外，在處理暢銷、滯銷品的過程中，會漸漸抓到取捨商品的要領，使誤差減低甚至消

前面說過，現在是一個少量多樣的時代，廠商、批發商和零售店也順應此時代潮流。自從「平成」景氣低迷以來，少量多樣發展的更迅速。只要製造的商品、批發的商品、零售的商品賣得不好，廠商們就會製造新商品，然後期待暢銷。

廠商彼此模仿，彼此製造類似的商品，然後流入市場。批發商和零售店也做一樣的事，他們在賣場擺滿了各式各樣的商品。

而消費者怎麼做呢？因為不景氣，消費者在商品過多的情形下，更加挑剔、更加小心選擇商品。結果卻很少能挑到品質、價格、需求各方面都符合的東西，而暢銷品更集中於某些特定商品上。

如此一來，賣方準備和買方的消費行動之間，又產生了一條溝。不但滯銷品增加，暢銷品還缺貨。

7—11公司在進行加盟店指導時，會請店主注意這一點，並指導他們取捨商品的要領，做到減少陳列商品的項目，增加暢銷品的訂購量，成功的掩埋了供需之間的鴻溝。

此外，7—11持續的針對各種商品做單品處理：

△透過積極的商品取捨過程達到減少商品淘汰、避免機會流失的目的。

△這一刻還是暢銷品，下一刻可能就滯銷。特別是便利商店的商品壽命更短，所以稍有疏忽可能就會增加商品淘汰數量，造成缺貨問題。因此，7—11不斷的、隨時的進行更細密的商品篩選工作。

△有些暢銷品雖然未到其商品壽命終了期，但是，一旦有類似的新商品出現，不論如何都要儘早削掉，積極引進新產品，因為客人喜歡新鮮感，銷售率才會提高。

7—11在嚴格的商品篩選替換之下，幾乎可以說所有商品都成了暢銷品，消費者也相當支持。

這就是減低庫存，同時提高盈收的實態。

情報系統方面，7—11打破了高度系統操作困難的既成觀念。物流細分化方面，活用混合裝載和共同配送中心，構築了商品細分、大批配送的系統。

◎多樣努力，提高毛利率

特許加盟連鎖制度中，關於總部的加盟費，有針對銷貨收取和針對毛利收取兩種。7—11公司是採針對毛利收取制，這是經過仔細考量後決定的。因此，如果毛利增加，7—11便利商店和本部的收益也會提高。

事實上，無論銷售額多高，對加盟店來說都不是很重要，他們在乎的是利潤，是毛利的多少。因此，總部須對加盟店的毛利負責，並依毛利收取加盟費。

毛利要靠銷售額來提高，但和毛利率也有關係。相同的銷售額之下，毛利率越高，毛利也越高。所以7—11總部為了提高毛利率，做了各方面的努力：一、降低進貨價格。二、利用國內外價格差。三、開發品質好、成本低之商品。四、蒐集毛利率高的商品。

降低進貨價格：以數量龐大的店舖為背景，一併購入原材料及其他商品。另外，和伊藤榮堂及其集團企業合作，展開「ＭＤ Goup」，利用巨大的購買力增加一併進貨數量，實現降低價格的理想。

ＭＤ小組的成員，各有各的專長。例如，伊藤榮堂精通原材料的產地情報，而7—11公司則擅長食品加工的Know How，如此互相交流，產生利點。

7—11公司從伊藤榮堂得到原材料的產地情報，然後請廠商購買品質好、價格又低廉的材料，如此一來，廠商們的製造成本就會減少，7—11的進貨價格也就降低了。

其次是利用國內外價格差距，這可說已成為時代趨勢。最近7—11公司與世界最大的食品製造商飛利普•莫理斯合作，並和他的相關企業合作發行冰啤酒。三五五ml的一瓶一七八圓、六瓶一〇六八圓，一打二一三六圓。其毛利率比一般的啤酒高。

伊藤榮堂則和美國某可樂公司共同開發，成為進口總代理。7—11發售的「classic selection」可樂才七十八圓，比其他可樂的毛利率高。這種「classic selection」就是活用

7-Eleven商品別銷售額構成比

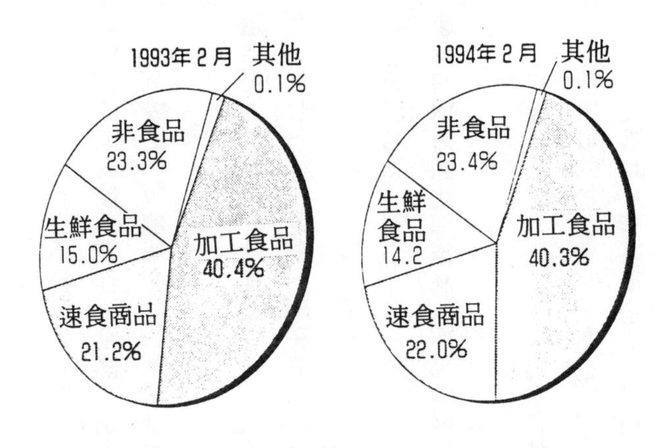

「商品開發」和「國內外價格差」利點下的商品。

◎速食比率大幅提高

還有一點就是「使毛利高的商品貨色齊全」。

標準的7—11是三十坪三千種商品（最近篩選成二七〇〇種～二八〇〇種左右），從粗略的商品分類情形來看。速食（Fast food）的毛利相當高，超過五〇%的不在少數。因此如果速食的銷售額提高的話，店裡整體毛利率也跟著增加。毛利益率的算法如下：

$$毛利益率 = \frac{賣價-進貨價格}{賣價} \times 100$$

要使速食商品暢銷，光靠擴大陳列空間是

不夠的，必須要有消費者的支持。為得到消費者的支持，非將味道和鮮度維持在完美的水準不可。

其實，7—11一直不斷向速食的味道和鮮度挑戰，像最近細條拉麵就做得很好，柴魚也開始使用名產地的松魚製作。當然，這是廠商MD小組的成果。他們為了提昇便當、飯糰的品質，甚至提出「飯糰革命」的革新計劃。加盟店也更細分化地對應，下一章將以黑輪為例來說明。

這樣努力的結果，使速食在7—11的商品別銷售總額構成比率大幅上昇。

△一九七七年二月期（昭和五一年度）五・七%。

△一九七八年二月期（昭和五二年度）六・六%。

最近則超過二〇%。

速食的銷售額比率越高，商品整體的毛利率就越高，九四年二月度的毛利率是二九・四%。

上述的努力結果，使7—11的毛利額變高，加盟店的收益利提昇，總部的收益也增加。因此，即使收取的加盟費高於其他同業，加盟店和總部的收益仍然很高。

以上所敍述的，可以說是7—11和總部透過經營戰略，達到使矛盾並立的過程，今後7—11仍將不斷接受挑戰！

第三章 追求賣場四大基本原則

光亮無比的商品和日光燈

7—11總部和7—11都有「站在消費者立場追求服務」的理念，至於如何做到，則由總部來指導加盟店。最具體的方法是將此經營戰略落實到賣場上。

◎重視清潔工作

①**清潔** 店面光鮮亮麗。

②**親切友善** 親切的待客服務。

③**鮮度管理** 永遠讓客人買到最新鮮的商品。

④**貨色齊全** 避免暢銷品缺貨，讓客人在想買某物時，商品一定陳列在架上。

聽起來好像都是理所當然的要求，但是，7—11對此理所當然的事情卻有不同的做法和要求。其中一點是，四部份都要同等重視。

清潔的基本就是打掃，有些零售業經營者很容易小看打掃這一點。7—11則將這一點和其他三點並重，怎麼說呢？

透過電腦網路等尖端科技，店鋪得以做好鮮度管理和備齊暢銷品，7—11希望打掃方面

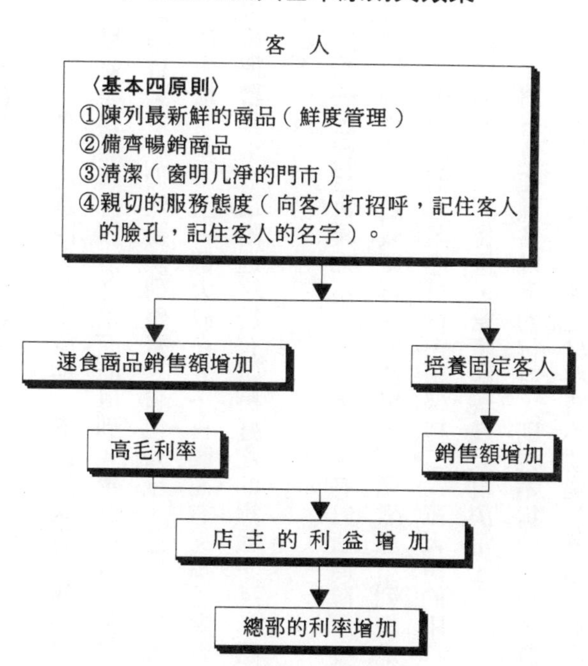

也能有相同的水準。不能說POS系統很重要，所以應該重視；至於打掃，可以就好了。這就不是站在顧客立場的態度了。

第一、客人並不是因為7－11有POS系統、或看到情報網才到店裡來購物，而是感受到透過這些系統的活用表現出來的服務品質。「活用」需要的是人的意識、熱情。

其實，如何善用磨光機、蠟、吸塵器、拖把等掃除用具是一門很大的學問，即使是專業人員也未必了解，因此，不要小看清潔工作。

◎從黑輪看徹底的服務

第二點是，透過四大基本原則，徹底追求完全服務品質。

想要達到這個目標，必須面面俱到。舉例而言，很多商品一個個都是一百日圓。即使價格低項目又多，仍然要陳列整齊、貨色齊全，並同樣做商品篩選的工作。

像黑輪，基本上一個大概在七十日圓左右。埼玉縣有一家店鋪的黑輪頗獲好評，客人買了以後稱讚說：「這附近終於有這麼好吃的黑輪了。」這家店透露了暢銷的原因：「訂貨、補充二點」。

黑輪的販賣量每天都不一定，因此，在訂貨時除了要注意每種材料都不缺貨這一點外，為了避免銷售不好造成庫存、淘汰壓力，須考慮下列幾點：

一、銷售居前五名之材料，須保持二、三天份的庫存，即使偶爾某一天賣得較差，在三天內仍然不要減少訂貨量，繼續觀察幾天再決定。

二、銷售量在五名以下的材料，則視銷售情形斟酌訂貨。

三、為了保持美味，篩選材料時不要過於嚴格。原則上銷售在五名以下的材料偶爾缺貨還無所謂，但是為了保持黑輪整體的味道，種類不可太少。

在「補充」方面，隨時讓器皿中擺得滿滿的，不但客人看了滿足，味道也會比較好。

材料賣出後，隨時補充一、二個進去，不要等到賣了好幾個以後才一次都放進去。如果一次賣出去的數量很多，不一定要全部補充進去，可視當時的時間那一種賣得好，或者依材料煮熟速度快慢，依序加料。

不論店主、太太、職員、工讀生等，每個人都養成一進櫃枱就先看看黑輪的習慣，所以沒有特定補充材料的人。所有的人都要會洗、會換湯、會處理油的問題，還要知道那些材料一起放進去會使湯混濁，因此，湯汁始終保持清澈狀態。

到了深夜，負責人會將破損或過熟的材料丟棄，然後在器皿中重新放入新材料，材料的放置方法方面，也沒有一點疏忽。

販賣方法方面，7—11也相當下工夫。客人常在剛開始挑選時，打算只買A和B，但是看到其他材料時，常常會改變主意。因此，7—11準備了大的容器和小的容器，有些客人剛開始選擇小容器，在挑選過程中，不知不覺選了過多的材料，此時就能更換大的容器。

一般而言，進來的如果是大人，服務員會自然拿出大容器，小孩和學生則提供給他們小的容器。

此外，客人的視線，挑選時產生困惑時的因應態度等，都是Know How的蓄積。

看到這裡，讀者們是否會有「光黑輪一種商品竟有如此仔細、積極的經營策略」的感慨呢?7—11就是在這種重複不斷的累積過程中，確保其驚人的收益。

◎五天剪一次指甲

接著我們來看看7—11如何將四大基本原則展現在賣場上。

首先是「清潔」，分為人和物兩方面。人的方面是指店主、工讀生、職員的服裝儀容。物的方面，包括店鋪內外、收銀台四週、陳列架、商品等。

7—11對於男女職員的服裝儀容，有幾項基本的規定：

〈女店員〉①化妝（避免化濃妝，眼影、眼線宜細而淡，口紅顏色不可太誇張）。②頭髮（短髮為原則。如果長髮過肩，必須綁起來，不可染髮）。③上衣（釦子必須全部釦上，不可捲起袖子）。④制服（拉鏈必拉至胸口口袋之上）。⑤名牌（掛於左胸前）。⑥手指甲（手須洗淨，指甲減短，指甲油以透明無色或淡粉色為宜）。⑦飾品（不要帶項鍊、耳環、戒指等飾物，避免穿耳洞）。⑧穿著西裝褲或牛仔褲，避免穿裙子。⑨絲襪（膚色）。⑩鞋子（後跟低，避免穿涼鞋或拖鞋）。

為了讓讀者了解7—11是如何仔細指導清潔工作，我們才把這些項目全部列出來。讀者在閱讀之餘，不妨到7—11觀察一下，就可發現女店員給人一種清新、樸素的感覺。

男店員的情形也差不多。每天刮鬍子、頭髮不要蓋住眉毛、後面頭髮不要碰到領子，鬢角約在耳朵正中央。避免燙髮、染髮，不要帶蝶型領結。

鞋子最好穿運動鞋，因為底是橡膠，比皮鞋方便等等。有些店主見店員穿戴不夠整齊，立刻命令他回去更換後再來。

總之，整個店鋪給人相當清潔的感覺。7－11還規定每五日修剪一次指甲；隨時洗手保持清潔；每三個月須驗便一次；新來的工讀生要先驗便等等。可以說，到了讓人覺得有潔癖的地步。對於這些要求，在常識範圍內，加盟店會儘力去做，不過，一定有店主沒有做到要求員工去驗便吧？我曾經在某店鋪待過四、五個鐘頭，在這期間，我沒有看到員工在去洗手間之外，還做到隨時洗手的習慣。

◎光線從地板下面照上來嗎？

「地板要擦到能反射日光燈的地步」，這是7－11總部在指導加盟店時強調的。位於埼玉縣的一家全家便利商店店長說了這麼一段話：「7－11各分店的地板都很乾淨，全家便利商店無法做到這麼完美的地步。我開了全家便利商店以後，才瞭解為什麼7－11要求那麼多。因為乾淨的地板是店裡清潔最直接的證明。」

距這家便利商店五十公尺處，正好有一家7－11。

有一位開業不滿一年的店主（店型為C種類型），提到他特別注意清潔工作，每天都將地板擦得亮晶晶的。在這一點，他堅持不輸給別人。

當然，地板只是一個例子，整個店鋪各處都應該做到徹底清潔。7—11的政策是「為了積極銷售速食，清潔、打掃、衛生管理都是最重要的」。因此工讀生的第一課就是「做好清潔工作」。訓練手册第一條也是「乾淨的店面才能吸引顧客」。

打掃的部份一樣分得仔細，例如，店外分成①每天清掃的地方。②每週清掃一次的地方。③每個月清掃一次的地方。④其他部份。

舉例而言，屋簷下是屬於每日清掃的部份，除了要清掃蜘蛛絲、消滅蜘蛛巢，還要注意橫標是否脫落、變色、有無生鏽等。如果用圖釘固定，應選擇塑膠製圖釘較不會有生鏽問題。

每個月要清掃的包括華蓋（房簷）和前面道路、店面的旁邊和後面。打掃華蓋用長柄華蓋專用刷，如果很髒，則須拿抹布上去擦。

7—11並指示，整體的七〇～八〇％屬於每日應該清掃的範圍。

◎每天都和開張日一樣明亮

店內也分成①每日清潔，②每週清掃一次，③每月清掃兩次，④每月清潔一次的地方。和店外相比，要打掃的部分比較多，每天都要清掃的地方占了八〇％左右。

地板是每日清掃場所的代表，注意事項有三點：①每日打掃數次。天花板的日光燈必須擦拭到會反光的程度。②地板上的口香糖、泥巴等要清除乾淨。③下雨或下雪的日子，地上多水，須用抹布將水氣擦乾。

貨架的清潔工作要注意下列幾點：②陳列貨品前，將擱板上下擦淨。②上面擱板的最前端和下面的擱板特別髒。③陳列瓶裝、罐裝食品的擱板、托架，污垢容易沈積固定，因此須用去污粉、魔術靈等清潔用品，並用泡綿徹底去除污垢。④掛鈎上陳列的袋裝物（電池等小型電氣用品，刮鬍刀、文具、玩具等）容易沾灰塵，要隨時用撣子撣一撣。⑤注意POP是否弄髒、剝落，如果髒了，要立刻拆下來。⑥進行清潔工作時，不要直接將商品置於地上，應使用紙箱。

此外，廁所、櫃枱、便當箱、購物籃等也屬於每日清掃範圍。栃木縣店鋪的店長說：「我們每天做四、五次清潔工作。擦拭擱板方面，有時候一整個禮拜都在做，有時卻一整天都沒有動。」

加盟店是否確實遵照總部的指示在做呢？怎麼看都沒有百分之百的實行。但是，只要你到7—11去，一定會感到清爽、乾淨、明亮。

位於西武池袋線上有一家全家便利商品，在其對面有一家迷你商店，十公尺外則有一家7—11便利商店。這家便利商店的店主，用略為輕淡的口氣敍述：

「7—11和迷你商店給客人一種不輕鬆的感覺。地板打掃得那麼乾淨，反而讓客人覺得冷冷的。許多家庭主婦都覺得7—11光線太耀眼，沒辦法久待，因此本店故意不將地板掃得那麼乾淨，有些太太們說，到我店裡來反而輕鬆……。」

看那位店主說話的樣子，還不致於太過誇張、歪曲事實。也有這種便利商店存在？

◎有些店主認為「貨架明細」是最大Know How

光鮮明亮的店不光靠清掃，還包括商品的整理整頓。一般都知道7—11年間商品迴轉次數平均約五十次左右，但是，對於「賣商品前，先賣陳列」的重視商品陳列理念，知道的人就不多了。

這裡說的「陳列」有兩個意思，一個是「需要的東西只在需要的時間置於便利銷售的架上」；另一個是「陳列方式必須是利於販賣的，會吸引顧客的方式」。這樣才能增加顧客人數和來店裡的頻率，銷售額也會增加。

客人的滿意程度有好幾種層次：①淡淡的好感。②相當的好感。③成為店迷。④成為最忠實的顧客。為了滿足客人，要做到客人需要什麼，何時需要，架上就只有備齊客人要的商品（儘量篩選至沒有多餘的、客人不需要的商品）。這一點做的好不好，在於訂貨處理。然而好不容易貨品齊全了，卻置於內場（Back yard），而使架上缺貨，那麼，和未下訂單就沒兩樣了。

另外，即使商品在架上都備齊了，如果未能置於賣點最好的位置，就坐失商機了。「什麼樣的商品陳列在那裡賣得最好?」這在長年的實驗和實績中，不斷的在Knpx How化中（累積成經營管理技術中），在三十坪的店面中，三千種商品都有其固定的位子。

在店鋪「Layout表」中，將貨架位置及各貨架陳列商品規定的一清二楚。每一貨架都有編號，例如，11號貨架陳列褲襪、季節商品等。而在貨架明細上，則詳載各貨架上各個商品之配置情況。

舉例而言，7—11成立初期，在神奈川縣的直營店裡，進行客人行動調查。店員坐於店內四個角落，然後觀察客人在店內的行跡，一一畫於圖面上，結果一天下來，整張紙都被塗滿了，這種調查進行了約一年之久。就是在這種實驗、經驗和試行錯誤中，決定了架子、擱板的位子。札幌市的加盟店說：「總之，7—11在一開始就不讓店裡有死角!」

本來，7—11公司在店鋪加盟時，會將「貨架明細」和「Layout表」親手交給店主，有些店主認為這是最好的Know How。但是，隨著貨架和商品位置迅速地改變，現在已沒有提供這兩份資料了。

現在，在什麼貨架上擺什麼貨品，那一類的商品等，於每三個月盤點一次時，就會有所變動。

◎男性也買褲襪，女性也買成人雜誌

貨架的布局須依總部發行的「通知」來安排。由OFC帶到各店鋪去。埼玉縣一家全家便利商店的店主說：「有時候到7—11去觀察他們備貨的情形，發現，需要的商品在需要時以最小限量陳列於各貨架上，不但庫存量少，陳列方式也很理想。在前一分鐘還想不通這商品為什麼擺這裡，下一分鐘卻能馬上瞭解『啊！原來如此』。舉例來說，秋天的時候，罐裝熱咖啡就已經陳列在前面顯眼處了，而且靠近收銀台。剛開始想不通為什麼，後來想想，他們的目的是，在罐裝熱咖啡未達冬日販賣頂點之前，將各咖啡陳列出來，吸引顧客注意，進行促銷活動。」

Layout方面，舉例而言，褲襪是暢銷品之一，通常會置於門口的收銀機前面，長久以來，沒有改變。尤其早晨許多女性上班族都會進來購買，因為在上班途中褲襪可能有鈎線情形，因此早晨褲襪銷售得不錯。

我曾做過一份關於7—11顧客的市調報告。其中有一項問題是：「請選出在這家店中一個月會購買一次以上的商品」，受訪者的三十四位男性中，有三個人圈選了女性褲襪。其中一個是自營業者，二個是學生。不知道他們為什麼會買女性褲襪？

另外還有一個題目是購買書刊雜誌的比例。男性顧客中，一個月購買雜誌一次以上的占四一・九％；漫畫占三二・二％；成人雜誌占九・七％。女性顧客，雜誌占三五・七％；漫畫占二六・二％；成人雜誌占一一・九％。

回答一個月買一次以上成人雜誌的女性，四二人中有五人，主婦三人，學生二人。基本上，7—11商店不放置色情書刊。但是，像「THE BEST」這種雜誌仍置於架上。這本雜誌或許還不太過份，但具卑猥性。通常買的是家庭主婦和女學生。後來，我想想，在問卷中寫的是「成人」雜誌，也許受訪者以為「JJ」、「WITH」（女性雜誌名稱），也包括在內。

上面所說的貨架布局等，加盟店原則上都依要求實行，但是，許多時候，店主也會依自己店裡的條件，改變陳列位置。

開店七個月的某店長說：「開店四個月後，發現蜂蜜竟然還未上過架，我自己覺得有點奇怪，就把它陳列出來。之後，每個月大概有四、五瓶的銷售量。」

◎不可背對客人說話

陳列商品也是一門很大的學問。如果只是把東西堆在架上，那和隨便亂放沒什麼差別。陳列時應注意下面三點：①容易看。②容易拿。③讓客人對商品時，有量感的感覺。

7—11總部在指導加盟店時，提出以下觀點：「不論是點心或其他食品，應該以直立方式陳列。如果橫放的話，就好像橫躺著跟客人說話。另外，商品的正面要對著客人，例如，罐頭食品應將貼標籤的一面向外，否則，就好像背對著客人，或者側對著客人說話。」

陳列商品時，大小相同的東西擺在一起，不要大小相摻，也不要將形狀不同的商品混在一起。如果罐頭剩下兩瓶，須立刻補上兩瓶，且置於前面，這樣才有量感，千萬不要讓客人看到後面空洞洞的。

當相同品名的商品有大小之分時，大的置於下段擱板，小的置於上段擱板，這樣給人一種心理上的安定感。小孩子的商品置於下段，吸引他們視線。

◎親切合宜的服務態度

加盟店實行四大基本原則的目標是，讓客人百分之百的滿意，而且是每位客人都打滿分。關於「態度親切」這一點，店員的表現如何？請看下面的問卷調查：

店員的態度	男性	女性	平均
非常有禮貌	四一・二%	三二・七%	四〇・八%
有禮貌	一四・七%	九・六%	一三・二%
普通	四一・二%	五五・八%	四三・四%
態度差	二・九%	一・九%	二・六%

非常冷淡　○%　○%　○%

「非常有禮貌」和「有禮貌」的男女平均總值為五四・○%，出乎意外的少，而且看不出男女差異。

這不就是「態度合宜（不膩人）、心存感謝」的理念嗎？在百貨公司服務的小姐，那種貌似恭維，心存輕蔑的態度，有時相當令人生氣。7—11的理念是，與其態度殷勤客氣，不如給客人親切誠摯的印象，且清淡而不膩人。

舉例而言，在商品包裝方面，指導手冊中有幾點要求：

①當找給小孩零錢和發票時，用小袋子裝起來，然後在交給他時說句：「拿好不要掉哦！」這樣客人會覺得很有親切感。

②含水的商品如豆腐、醬菜、魚、肉、菜餚等，先一一用透明塑膠袋裝好，再放入紙袋中。

③糕點糖果等，如巧克力等味道容易散發出來，須注意。

④小商品（如口香糖、香煙等）通常最後放入袋中，注意不要有遺漏。

⑤雙手交給客人商品（單手拿商品給客人不禮貌）。

⑥如果客人只買一樣商品，應該禮貌上說一聲：「用膠帶可以嗎？」然後貼上彩色膠帶（例如，如果客人買一本雜誌，就將膠帶貼在背面最下方）。

其實，是相當費心的。通常客人不會意識到這層用心。但是無形中，客人自然對7—11產生好印象，自然在想買東西時，走到7—11去。將7—11融入生活的一部份。

有一位曾是加盟店店主的先生，敍述差點被解約的經過：「有一次深夜，我喝酒後，滿臉通紅的站在收銀台！那一天安排好深夜的店員後，我想，今天不須要站收銀台了，然後就和朋友去喝啤酒。沒想到深夜回到店裡，工讀生說有事要先走，於是我就滿臉通紅的在收銀台站了二、三個鐘頭。可想而知，客人皺著眉頭付款後，打電話給總部。結果，理由也說了，悔過書也寫了。總部只有一句話：『如果再犯第二次，沒有第二句話，停止委託店的營業』！」

想不到二十四小時營業的商店，還有這種事。

◎五大接待用語

前面的問卷調查中，有一項問的是：「即使買小額商品，店員也會說謝謝嗎？」調查結果如下：

店員態度	男性	女性	平均
會說者	八五・三％	七八・〇％	八一・三％
有時會說者	一四・七％	一九・五％	一七・三％

不會說者　　　　　　〇%　　　　二・五%　　　一・四%

這個比率比「態度有禮貌」的比率高出很多。因為打招呼一定要從口中所出，否則無法傳遞給對方。

「客人只買一個保險絲，我們也說『謝謝』；即使什麼都沒買，我們一樣會說。因為，只要來到店鋪裡，就是客人。」（千葉縣的店主說的話）

7—11的五大接待用語是「歡迎光臨」、「是，知道了」、「謝謝光臨」（歡迎再來）、「讓您久等了」、「很對不起」。

另外，在櫃台收錢時，一定要用清晰的口吻說：「歡迎光臨」、「一百圓、四百八十圓、八十圓……，這樣可以嗎？」（把每一商店的價錢唸出來）、「一共是六百六十圓」（報告總金額）、「收您一千圓」、「找您三百四十圓」、「謝謝光臨」等等。

在各加盟店的內場牆壁上都掛著「五大接待用語」，和「每日座右銘」掛在一起。每位員工在工作以前，先進入內場換制服，然後大聲唸一遍「五大接待用語」和「每日座右銘」，使之銘記在心。座右銘的內容是：

「今天一天我們要秉著自信和熱情，給顧客最滿意的服務。對店鋪和商品充滿感情，隨時不忘奉獻精神，努力工作。」

所有員工，包括店主，都必須念誦。

店主在剛加盟研修時，不論研修或早晨上課前，都要和講師、參加者、全體人員等一起唱誦「每日座右銘」和「五大接待用語」。7—11公司，則於全國FC會議前，包括社長，全員一起唱誦。

東西線沿線的千葉縣店主說：「我們店裡的員工，不論正職或工讀生，每天都會大聲唸一遍，然後精力充沛的工作！」

的確，在賣場，大部份的店員都清晰地說出五大接待用語。但是我去參觀二十家以上加盟店的內場，發現沒有幾個員工（兼職人員、工讀生）做到唸誦這一點，大部份都是進來換完制服就出去了，店主也不以為意。

在千葉縣，兼職人員、工讀生可能表現得比較好，不過我發現他們常常在嘴裡唸唸有詞的就唸完了。連店主都不太動口。

從7—11公司的經營理念來看，加盟店是最前線，打起收銀機應該像在戰場上打子彈一樣，叭啦叭啦！從這一點來看，加盟店並沒有上戰場的氣氛，司令部命令是頒佈了，但是站在前線的店員卻像在遊山玩水一樣。有些加盟店甚至連五大接待用語都沒有貼上。我覺得「態度親切」這一點，是四大原則中，做得最不好的一項。

為避免暢銷品缺貨而戰

◎同時接收兩家氣象台的氣象報告

關於總部對於「鮮度管理」的戰略，已經具體說明。接著請大家看看7—11如何將此戰略具體應用於加盟店中。

7—11公司為了徹底貫徹四大基本原則和進行促銷活動，打出各種口號。例如，最近在黃金週（Golden Week）推出的家常菜，打出「後進先出」的推銷戰。

栃木縣一家7—11對總部這項方針，採取了積極的相應措施，因為他們看到客人伸手到後面去拿家常菜。通常，牛奶都實行「後進先出」的方法，但是由於家常菜的保存期限太短（製造後二十四小時內），為了確保鮮度，這家店將新進商品陳列在後面。

因此，趁著黃金週的機會，他們開始實施——家常菜也採「後進先出」的方針。如此一來，超過期限，必須丟棄的家常菜堆積如山。換句話說，他們沒有做好單品管理。

這家店將訂貨的事交給店長負責。這位店長每天早上走到貨架上看看每個面有沒有缺貨的商品，如果有，就向廠商訂購和前一天相同數量的商品。店主認為這樣下去不行，於是接受總部OFC的指導，訂貨由店主、店主的太太和店長三人分擔負責。

其實，訂貨方法和米飯是一樣的。先蒐集、分析各種情報，然後成立假說，決定訂貨數量。之後，在檢證賣了多少、販賣方法為何等等，依此決定下次訂貨量。

舉例而言，速食商品受天候影響很大，因此氣象報告是決定訂貨數量的一大因素。

除了天氣好壞以外，還須注意氣溫高低。這家店本來都只參考宇都宮氣象台的情報，後來也打電話詢問前橋氣象台的情報，做為參考。

另外，在店鋪外掛有溫度計，測量每天上午十一點和下午八點的溫度，這兩個時段是販賣顛峰時段。店裡的人根據氣溫來彈性決定訂貨數量。結果，他們發現氣溫偏高的時候，生菜沙拉賣得很好。

◎掌握恰到好處之訂貨方法

這個地區的家常菜配送時間，第一次是在上午六點半左右；第二次是上午四點多。因為，通常家常菜在午餐時段和晚間六～九點時賣得最好。

長久以來，這家店在第二次配送時，會請配送中心多送一些量，因為和早上送來的製造日期是同一天。實施後進先出後，傍晚以後來購買家常菜的客人就能享受新鮮的菜餚了。

但是，這麼一來，隔天中午來的客人卻常常買到前一天下午送來的菜餚，因為當天上午訂的量較少，且陳列在前面（後進先出），一下子就賣完了。結果，只剩下前一天較不新鮮的菜。因此，他們決定傍晚定貨時，減少訂貨量。

除此之外，為了便於參考，他們依送貨次數別製作一張一目了然的販賣實績表，稱為Build up Sheet，還有一張單品假說檢證表。左端記載各項目之假說，右端記錄檢證結果，以便於訂貨時參考。

其實，只要在個人電腦上按幾個鍵，相關的ＰＯＳ資料立刻呈現在眼前。自己動手記資料反而費時間。不過由於表格並不太難，且從一開始就記錄，因此活用度很高。

就這樣，漸漸可以看出各項商品的單品動向，正確的掌握訂貨數量。例如，以前對於新導入之家常菜，一天二次才訂一、兩份。單品管理後，像螃蟹蛋第一次訂貨時，上午訂三份，下午訂五份，結果一天幾乎八份都賣完；又如油炸紅鮭，第一次就一次訂十份，而且賣得很好。

經過一番努力，這家店鋪終於做到了後進先出，白天的客人購買上午的進貨，晚上的客人購買傍晚的進貨。不但讓人享受到新鮮的菜餚，也增加了店裡的收益。

◎商品的推薦和取消

接著來看看蒐齊暢銷商品方面，如何進行。

在7—11總部，負責決定購入商品種類的是商品企劃員。他們在決定後，向加盟店推薦「開發推薦商品」。一年大約推薦四千項商品。限定某一地區推薦的情形也不少。

這方面的情報由總部製成「開發推薦商品指南」，然後交由OFC每週至加盟店發放一次。比較重要的商品利用一整張紙來介紹，有些則同一張紙上介紹二種或四種、六種的商品。

基本上每一張介紹單上都附有彩色照片，其他還有規格大小、標準零售價格、販賣價格、最低訂購單位、商品特色、決定採購理由、市場規模預測等各種介紹。企劃人員會根據商品種類做適當的內容變化。

在手提式GOT（Grophic Order Terminal），也就是下單端末裝置上也會出現「推薦商品指南」，但都是文字，沒有圖案。在不久的將來，相信一定能做到彩色化，並能叫出彩色照片。這樣，就可以參考彩色照片和賣場上陳列的商品，來決定如何進貨。

加盟店根據總部的開發推薦商品指南做分析後，就可以決定何種新商品、數量多少等。這些都是加盟店可以自己決定的。各加盟店還可依店鋪的商圈特性及地區需求的變化、天氣等等來酌量導入新商品。

商品企劃員除了負責推薦商品，也負責取消（淘汰）推薦商品。「預定取消指南」也是每個星期由ＯＦＣ帶給各加盟店，通常在取消的前二週送到加盟店。內容簡單地記錄取消推薦的原因。通常被取消的商品有下列幾種情形：

●季節商品，已過暢銷期。
●商品生命週期已到衰退期。
●商品的銷售可能性很低。
●與新商品類似，酷似的既存商品，價格差不多，但品質較新商品差。
●天氣和預測的不同，商品的銷售可能性很低。

但是，一般而言，有些商品是便利商店這種業態的基本商品，不管銷售情形如何，都不受推薦、取消的影響。當然，如果有比推薦商品更便宜、更符合需求的商品，店主也可自行替換。像搬家用的繩子、蠟燭、禮品用紙袋等商品，就不是每個地區的店鋪必備的。

在總部取消推薦品兩星期後，店鋪不能再訂該商品，即使店主還想訂購也沒有辦法。某些商品在特定地區或加盟店的銷售量很高，店主不明白總部為何取消該商品，有時甚至非常生氣。但總部並不會為了全國五千七百家店鋪中的一小部份而繼續推薦該商品，因為這樣很可能反而讓加盟店訂了滯銷商品。

◎取消推薦品，同時處理滯銷商品

總部這樣實行推薦和取消商品的結果，一年有多少商品被替換呢?大約是七〇%。一般標準型的便利商店有三千種商品，所以一年等於替換二千一百種，每年每年重複的替換。站在加盟店的立場，可以說一年訂購二千一百種新產品。平均一個月導入一百七十五種，一個禮拜四十三種，一天六種。

然而，便利商店的賣場空間有限，只有三十坪。因此，為了導入新商品，因應需求的變化，並活用賣場，除了淘汰滯銷品，別無他法。總部會將該刪除的商品預定情報送到加盟店去。

無論是在加盟店收到取消推薦指南時，或者實際上到了取消的日子，店裡有存貨的情形仍然很普遍。如此一來，在這些賣剩的商品尚未售完以前，沒有空位陳列新導入的商品。即使剩下一個二個，也會影響到整個面，同一類型的商品一定要陳列在同一個範圍的「面」內，所以，暢銷品無法陳列上架。

但是，新舊商品一比較，何者應該優先陳列就很明白了。賣剩的商品通常已近衰退期，且今後的銷售將更形鈍化，甚至成了滯銷品，因此，應該淘汰剩餘商品。

然而，一般的零售商店還停留在「求過於供」的時代，認為只要有貨就一定賣得掉，因此並沒有實行前述的淘汰制。這些商品的經營者沒有徹底實行單品管理，也沒有參透什麼是有效率的銷售方法、賣場上生產率的重要性等。

這一點，7—11基本上分析得很清楚。因此，總部在提出取消推薦指南的同時，並不光是中止訂購，還考慮到剩餘商品的處置方法（7—11將淘汰商品的業務稱為實績變更業務）。有些店鋪將不需考慮鮮度的商品陳列在前面，直到銷售完為止，但這種店鋪很少。

舉個例子來說明7—11處理滯銷品的方法。有一家店鋪在收到總部二週後將實行的「取消推薦商品預定指南」後，做了如下的措施：

①預計二週後能銷售完的商品：指依目前販賣情況推測二週後可能賣得完的商品。那麼，就繼續販賣。但是，如果預定陳列新商品的陳列面不夠的話，就只好以七折、八折的折扣促銷。

②預計二週內無法銷售完的商品：在週末時段連續三天，以七折到五折折扣促銷，如果三天中沒有賣完，則將商品丟棄。

在這樣的因應措施下，才能儘早空出新商品的陳列空間。

還有一個摘自於福島縣7—11的例子。他們在總部指定取消的商品中，找出自己尚有庫存的商品，然後將庫存數量記錄在自己製作的「取消推薦商品表」上面，二週以後再核對剩餘數量。

①在二週中剩餘數量沒有變化的商品——立即將商品丟棄。

②在二週中有銷售量的商品：

a將剩下商品放入籃子，置於櫃台前，貼上店頭廣告，以半價出售。

b一天之後，尚未售完之商品——廢棄處理。

◎店鋪本身滯銷品的處理

除了總部提出的淘汰商品外，每個店鋪依商圈特性和地區需求的不同，也會有各自滯銷的商品。如果不儘早將這些滯銷商品淘汰掉，則無法擴大暢銷品空間，積極導入新的商品。這樣等於「機會流失」了。

那麼，如何找出店鋪的滯銷品，找到後，又如何處理呢？要找出滯銷品並不困難，POS資料上有各商品種類別資料。有些店鋪為使POS資料便於使用，會依商品種類為單位，將每週銷售最差的三項商品和其週期銷售量記錄在自己製作的表格上。

問題在於如何刪選這些滯銷品。中部地方有一家7—11設定了以下的刪選基準，他們是根據POS資料上種類別「週間無銷售商品」的基準來訂定的：

●**全店商品**　總部刪除的商品，過了季節性尖峰的商品。

●**開發導入商品**　和新商品類似的既存商品，但是有銷售額減低的傾向。在導入後，經過二週以上的時間，銷售額明顯下降的商品。

●**糕點**　一星期中，銷售量掛零的商品。

●**加工食品**　推薦後半年以內的商品中，二個星期中，銷售量掛零的商品。

●**雜貨**　季節商品以下，四星期中，銷售量掛零的商品。

速食商品的迴轉率極高，歸入「開發導入商品」的範疇，所以沒有另立一項目。

在商品被判斷為滯銷品到實際淘汰前，應該再確認是真的滯銷品，還是有別的原因導致滯銷。

別的原因可分為外在因素和內在因素。外在因素方面，第一，新商品尚未打出知名度；第二，商品走勢超前於需求的變化。內在因素方面，第一、競爭商品剛好處於生命週期的尖峰點，因此受到影響。第二、賣場陳列的問題。

◎勿用鄰近商品填補缺貨品位置

檢查商品陳列情況時，應注意下列幾個重點：

①商品是否置於擱板後面，不容易被看見？

②陳列品的分配會不會太少？

③貨架分上下段，是否會讓消費者有不易看到或不易拿取商品的地方？以小孩為消費對

象的商品，是否有置於中段或上段的情形？

④是否有缺貨暢銷品，導致銷售額減少的情形？

關於①項，一定要勤於將商品置於前面，只要有商品賣掉，立刻將後面的商品往前移，以免出現商品剩下一、二個而店員尚不知道的情況。第二項的問題應慎重檢討。如果要擴大陳列面，等於要卡掉其他商品或縮小其他商品的陳列面。③的部份，貼上店頭廣告，並將商品陳列於主要銷售對象容易看到的位置。第四項，利用POS資料來核對架上商品。

為了讓賣場的缺貨狀況能夠一目了然，所有店員都應徹底熟記什麼商品陳列在何處，占幾個陳列面。當某陳列面空的時候，不要放入鄰近的商品。

舉例而言，A陳列面放置a商品；A′放置a′商品；A″放置a″商品，三類商品並陳在架上。現在A′的商品已全部銷售完畢，A′面必須保持空的狀態。如果將A面的a商品或A″面的a″商品並列在一起，那就好像架上本來只有A面和A″面，不容易發現A′缺貨。

當然，還應該確認POS資料上，商品銷售完畢時的時間，然後計算在下一批貨到之前還有多少時間，應該訂多少量。

其實，許多店鋪都有將鄰近商品拿來塡空缺的情況，九州就有一家7—11這麼做。

這家店鋪的雜貨經常缺貨。如化妝品只剩一瓶、圓領短袖襯衫缺貨等，一點也不稀奇。

原因出在負責訂購雜貨者的下單方式。他在核對過GOT叫出來的商品項目後，有缺貨就補。補充方法是，看在賣場四、五天只賣一點，就以此為標準訂貨。然後看有空的擱板就拿鄰近商品來補，根本沒注意缺貨的重要性，也沒有缺貨應有的概念。此外，ＧＯＴ上出現而賣場沒有陳列的商品，他也置之不理。

於是，店主讓雜貨負責人一起整理貨架，並要求基本商品一定要全部陳列出來，不可缺貨。每一種顏色、大小、花樣都要備齊，並積極導入新商品。

另外，糕點方面也產生問題。由於總部推薦的商品有時種類較多，不知不覺就進了過多項目，結果每一種糕點的空間變得很少。這家店有三十種糕點麵包，因此每一種最多訂購五個、平常則訂二、三個。即使如此，貨架上經常是充滿商品的，有量感的狀態，訂購負責人無法感受到任何問題。

結果，在核對ＰＯＳ資料上，時間別各項商品動態時，發現在中午和傍晚兩個銷售尖峰期，暢銷商品卻缺貨，即所謂的機會流失。香瓜麵包、Snacks Rice、Nice Stick等暢銷品全部缺貨。

於是，這家店採取了以下措施，銷售量比前一年提昇了十一%：將三十個項目刪減為二十，擴大陳列面、暢銷品每一項訂購十二、三個等。

從上面的例子可以看出，在各店鋪的賣場實行基本原則不是那麼容易的事。必須仔細地、循序漸進地，不斷地因應，才能稍有成果。

7—11就是這樣向困難挑戰，以優勢主導姿態實現其理念。

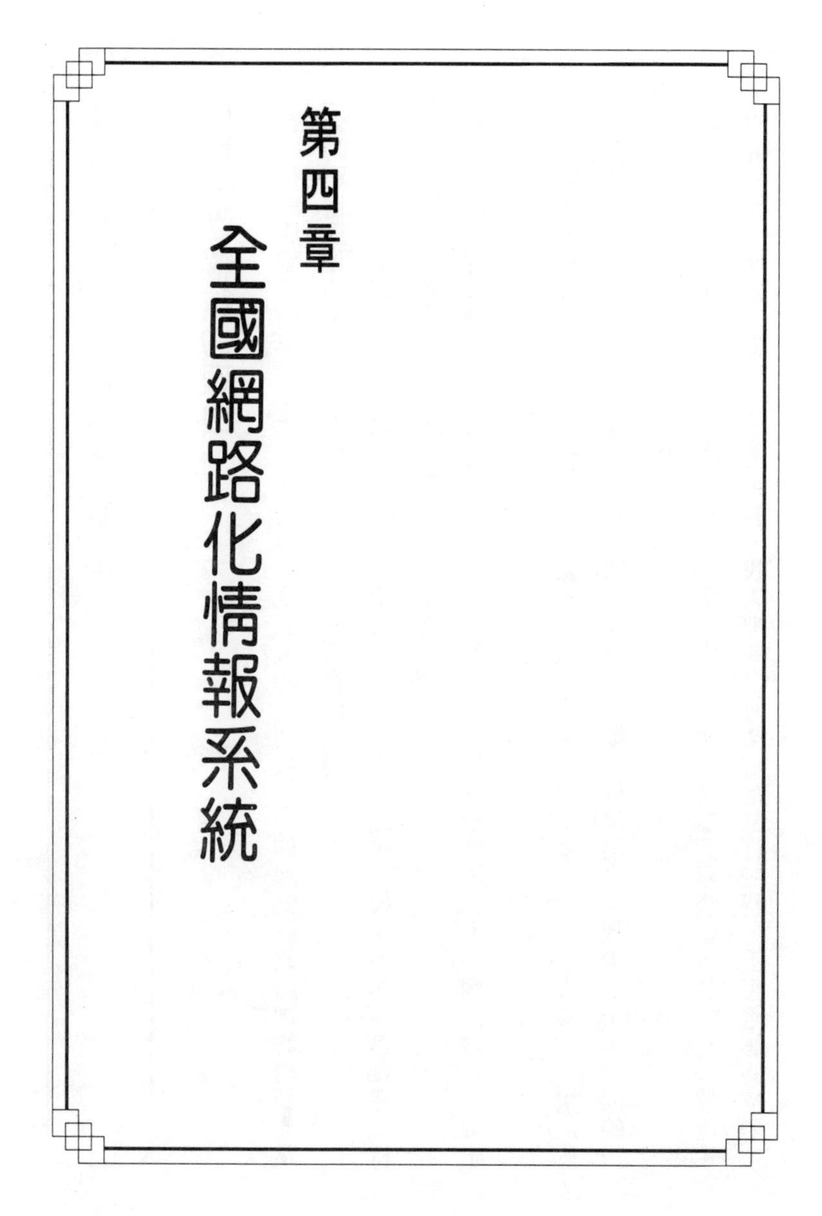

第四章　全國網路化情報系統

以微量庫存因應需求變化

◎白飯便當暢銷的理由

有一位開店兩年的年輕店主，在內場和我談天時，問我：「你認為我們店裡的白飯便當，一天的銷售量是多少？附近有一家7—11，一天賣出七份。」

7—11的內場細長狹窄，可以說是將走廊分出一小段來做內場，幾乎所有店鋪都是這樣。店主的聲音活潑健康，或者說，聲音很大來得貼切。

我從他問的聲音判斷銷售量相當高，於是回答：「七個的三倍，二十一個左右。」說出來後，覺得似乎過多了一點。

店主先保留答案，然後告訴我他的經驗。在這家店開張後沒多久，店主去參加一場店主懇親會，在會場上表彰銷售成績優良的店鋪，並且以幻燈片放映出來。其中，川越方面的一家店鋪，一天賣出三十～四十個白飯便當。

鄰近的7—11加盟店有三位店主和這位年輕店主一起出席這個懇談會，其中有一位店主看了幻燈片後，驚訝的說：「怎麼可能，我店裡的白飯便當常是訂三個，丟棄兩個的情形，充其量只能賣出一個。」

這位年輕店主到川越的店鋪走了一趟，並且試吃便當。發現他們的便當確實好吃。回來後，抱持樂觀、有信心的態度，從一天四份開始努力。

「現在，一天銷售三十個以上，光白飯便當就有三十個哦！」店主高興地回答。

影響便當、飯糰等好不好吃，最大的因素是米。以咖啡為例，如果咖啡本身不好，不論加入多美味的奶精，也不會成為一杯香濃咖啡吧？這一點，7—11的米是經過評定的優質米，當然，還是純國產米。

新宿附近的小田急沿線加盟店的店主說：「7—11的便當放進微波爐加溫後，不會產生油臭味，飯也不會變得鬆鬆的。」

在所有便當中，白飯便當賣得最好的店鋪不在少數，當然，整體而言，便當都賣得很好。山手線內側一定店鋪的店長神色自若地說：「我們店裡每天大約有一千個以上的客人，幾乎可以說，每三個就有一個是來買便當的。平均一天下來可賣四百～五百份便當。」

位於西武新宿線沿線上，一家全家便利商店（埼玉縣店）的店主感慨地說，自從一九八五年一月，斜對面開了一家7—11以後，整個店的營運都受到影響。從開張以後，每年的對前年比銷售額成長率是一〇～一五％。在7—11開張以前，一天約有八百五十位客人。現在，不論客人人數、銷售額都比前一年下降一〇％。加上本來自然增加的一〇％，合計下降了二〇%。「對面便當的銷售力似乎很強。我也曾試吃過，確實好吃，而且有量感。是不是跟宣傳也有關係呢？」這位便利商品的店主不甘心地說。

◎管理生產地，確保高品質

7—11對產品有嚴格的評估措施。像便當、飯糰等，每星期都在總部開試吃會。有時候還有一百位員工參加，連續試吃一個月的情形。另外，對於米的摻合樣品，也舉行味覺測試。

菜單的開發、原材料的共同採購等每週舉行一次商討會。每年春秋二季，各舉辦一次商品展示會，各店主都會參加，試吃結果皆反應在展示的商品上。

然而，某便利商店的專務赤尾昭彥卻說，現在任何便利商店的總部都有試吃會，所以不必做得那麼正式。「我和我們公司的員工，每天都自己掏腰包買便當、飯糰吃。除了自己店裡的商品，也買7—11和其他便利商店的來吃，如果有不好吃的，以後就不會再買了。」

這位赤尾先生對7—11的便當和飯糰，評價很高。這是因為「米」好吃。7—11對於米的品質管理，不光是在公司內部舉辦試吃會，最了不起的是連產地都管理。7—11的特選米是公司自己開發的，將sasanishiki（細錦米）、koshihikari（腰光米）摻合而成。同樣是這兩種米，生產地不同，品質就有微妙的差異、味道也不同。因此，7—11花了許多時間和精力去找符合自己期望的稻米生產地。

此外，即使在同一塊產地上，天氣、播種方法、收成、出貨時期等，都會影響品質好壞。因此，7—11的負責人往來生產地數次，控制稻作狀況並查核品質，如此才能保持稻米一定的品質水準。

黑輪中的蘿蔔也是一樣。蘿蔔可以說是決定黑輪味道最重要的材料。一位便利商店雜誌總編說：「從生產地管理，可以保持蘿蔔一定的品質。這並不像說的那麼簡單，然而7—11卻正在實行中。」

以前，曾經有客人抱怨蘿蔔糠了的事情，為了回應這件事，7—11決定提昇蘿蔔的品質。

通常由總部的商品部門指示各地業者「要用這種蘿蔔」、「一個蘿蔔要幾公克」、「要用這種蛋」等等。

所有店鋪以相同品質、相同大小、同味道的湯為目標。除了蘿蔔外，其他約三十種的材料都一樣嚴格管理。一年以後，品質非統一不可了。

◎以時間為單位因應需求變化

除了便當和飯糰外，7—11特別致力於速食商品的管理。所謂速食，是指「對來購買的顧客而言，可以立刻提供，且不需要加工的商品」。通常大都陳列於櫃台四周。

7—11之所以特別致力於速食商品，需求高自然是原因之一，但是毛利高也是重要的因素。毛利高使同樣營業額的利潤提高。

因此，7—11展開多面性的速食戰略：①製作好吃的東西。②根據使用者的嗜好、需求，備齊各式各樣的商品。③這些各式各樣的商品必須百分之百符合使用者的需要。④全店同一品質。⑤做到一年四季，品質如一。⑥保持新鮮美味。⑦以CM為中心，進行促銷活動。⑧避免缺貨等等。

便當、飯糰的愛用者，每天的嗜好和需求，會隨著天氣、假日、週末等而有所改變。因此，7—11認為客人的需求是依「時間」而改變，同一個人一天三餐所吃的東西當然要有所不同。上午下雨、下午放晴、傍晚客人來訪等，需求因時間不同而有差異。

「不同時段，來的客人數目也不一樣。以都心為例：「中午十二點到一點左右有二百人；下午六點到七點左右也有二百人；多的時候，同一時段店裡曾有到七十個人的經驗。」

7—11認為，「日別的變化」很大，「時間別的變化」，程度同樣很大。

為了配合這樣變化的步調，隨時能陳列出客人需要的商品，7—11以時間為單位來備貨。日配品基本上一天配送三次。

越是小量配送，越能因應使用者的消費動向，也越能備齊新鮮的商品。而且每一回少量訂貨，就能備齊更多暢銷品的種類。

配送頻率增加，能加速配送車「活動內場化」，因而減低庫存量。庫存減少，就如同河川沒有阻塞，河川沒有阻塞，就能更清澈。與其「使用者之需求、嗜好變化↓銷售庫存↓購入商品」，不如「使用者之需求、嗜好的變化↓購入商品」的流程，利於商品迴轉。

因此，7—11希望做到①全店確立一日配送三次制。②吐司一日三回配送系統化。為了不使當日的天候變化影響銷路，希望能確立「清早下單，當日配送」的制度。目前便當和飯糰已經做到當日下單，可以配送三次的地步。至於一日配送二次的家常菜，可於前一天七點鐘前修正。

鈴木會長認為「前一天訂貨，隔日配送」仍流失許多商機。一位流通專門紙的記者說：「鈴木這個人的敏銳度和嚴格性有如虎視獵物的獵人般。一個目標達成了，決不因而滿足，而是開始追尋更好的獵物！」

◎交貨、運送只要五～十分鐘

最先發明一日送貨三次及短距離送貨的是7—11。最近，有些公司也開始構築短距離配送體制。問題在於如何才能使其充分發揮功能，而不是建立體制。

某全家便利商店的店主說：「仔細觀察7—11每天的配送情形，發現配送時間沒有超過十分鐘以上的情形。我們店裡，比預定到貨時間晚一小時以上，是常有的事。」

配送範圍小、距離短，是準時的一大因素。走的距離越短，每一回的走行時間誤差越小，這樣才能遵守到達各店鋪的時間。舉例而言，千葉縣區的7—11分成A區和B區，A地區的便當類由兩家廠商（或批發商）合賣，B區則由另三家廠商合賣。

配送範圍小須考慮不合配送者的經濟效益，因此，7—11積極展開優勢支配戰略，將店鋪儘量集中在一定區域。

一般而言，負責配送的是廠商、批發商，但他們通常會委託貨運公司。依照7—11的制度，如果配送比預定時間晚（或提早）二個鐘頭以上，就必須負擔一定的損失費用；7—11不問原因，而採責任制度。

在交通比平常混雜、車禍事故，或者因事故卡在塞車路段等情況下，全家便利商店或Low son（羅森）商店大概都認為是「沒有辦法」的事情。但是，7—11卻對配送者要求付出部位毛利額。

因此，貨運公司（出貨廠商委託之運送公司）通常會事前擬一套因應對策。例如，白天每一輛配送車分配較少的分店，或者要求司機攜帶「分配指示販賣日報」，上面附有預定到達時間表和配送路線順序表。以下是某地區之預定到達時間表，從表中可看出在短時間內就要做到配送、交貨的工作：

△第一家店鋪（0：00）△第二家店鋪（0：10）△第三家店鋪（0：20）△第四家店鋪（0：30）△第五家店鋪（0：35）△第六家店鋪（0：45）△第七家店鋪（0：50）△第八家店鋪（1：00）△第九家店鋪（1：10）△第十家店鋪（1：20）

配送時間只有五～十分鐘，其中還包含交貨時間。負責運送7—11便當和飯糰的貨運公司老闆說：「在每一家店鋪的交貨時間都不會超過一分三十秒。」

在日報上，預定到達時間的右邊有一欄交貨時間欄，由各店鋪的店員記上確實交貨時間，因此，送貨員無法混水摸魚，躭誤時間。何況現在已經開始利用卡片掃瞄記錄交貨時間了。

◎共同配送，混載系統

流通業慣常的進貨系統是——同一商品有兩家以上的批發商（供貨商），造成了低效率的惡果。

但是，一方面由於這是業界慣例，且零售店的立場較弱，因此只好讓它延續下去。

7—11公司的鈴木會長卻打破了這個慣例。

批發商越多，配送次數就越多，各店鋪的店長、店主處理交貨的時間也越多，如此一來，工作中斷次數也不得不增多了。

因此，7—11以零售店為主導，實施①批發商集中化。②確立共同配送制度。

首先，依區域別決定各區域之代表批發商，將所有商品集中在代表批發商的倉庫。舉例而言，加工食品類，在市中心以大盤商為窗口，三友食品不在插手；相對的，在三多摩地區，全權由三友食品負責，大盤商不再過問。

如此依配送商品之溫度別，建立「一地區，一批發商」的體制，稱為「批發商集中化」。各種冷凍、冷藏食品之保鮮溫度不同，因此7—11依各溫度別建立配送系統。

像牛奶、家常菜和冷藏食品等每日必須品，由成為配送中心的批發商或配銷業者，依7—11編成的區域，混合其他商品一起配送。通常這種共同配送中心，都是利用配銷業者的倉庫，或者運送業者多餘的空間。

有些時候，廠商也擔任配送工作。只是，有幾家便當供應商，如武藏野食品、童屋日洋、富士食品等，只願意配送自己公司製造的便當和飯糰。

不同種類的商品也可以一起配送。在每一輛卡車裡，混合裝載各種各類的商品，這也是違反業界常態的做法，但是，7—11的實際效果證明，說服了業者。

想在三十坪的狹窄空間中，陳列三千種商品，只有做到少量庫存、少量陳列。

要讓同一商品維持在陳列少，又不缺貨的狀態下，「少陳列、多庫存」是比較安全。但是，卻沒辦法應付瞬間需求變化。因此「少陳列、少庫存」或者「少陳列、零庫存」較為理想。那麼，在這種情況下為了避免缺貨，一定要確切實行短距離配送制，而且要「少量、多次！」

◎令人佩服的少量多樣配送

實施小批配送，若只送單樣商品，一輛卡車能載的只有一點點商品，不符合流通經費的經濟效益，因此，決定採用混載系統。現在流通業的混載率約九〇％。就連始終對峙的花王和獅王兩家廠商，在一部份區域，也合作實行混載制。

三多摩地區，一位五十多歲的店主，在接觸少量配送制以後，說出了個人的感想：「有一段時間，基於運送費用的考量，曾經想退出7—11加盟，改成個人經營的商店。但是個人經營無法將商品分得那麼細來配送。

例如，小包裝的雪印牛奶，進貨價是四十八圓，零售價是六十圓。訂貨後，一批送來三份。但是，如果直接向批發商訂購，最少可以送來十二份。

而且，7—11到現在還不斷在實施商品細分化的變革。八年前，剛開張的時候，豆腐和納豆等的食品的送貨量一批是三個。如果在鮮度保證期間內只賣掉一個，那麼剩下的兩個一定得丟棄。現在，一批一個，細分化又更加進步了。老實說，對於7—11的努力，我由衷敬佩。」

另一位四十歲的店主說：「假設今天送貨員漏送一把筷子。在他們送完貨後，還是會特地再繞過來補那把筷子。」

不斷改革的訂貨系統

◎缺一商品＝一〇〇%缺貨

「三十坪•三千種商品」是7－11的標準店鋪規模，這句話幾乎已成了標語。仔細想想，三十坪，三千種，那麼不就是三坪三百種、一坪一百種、一平方公尺三十種嗎？如此一來，非得做到「超少量」不可。扣除收銀台和走道，空間更少，因此一大意，缺貨問題就發生了。

庫存過剩會造成資金見絀問題，影響經營。與其忙著籌措資金，不如想辦法讓庫存商品隨時保持接近「零」的狀態，這樣有利於提高利潤。

在操作商品的同時，為了避免缺貨情形發生，一定要少量、多種（細分商品）訂貨。負責配送的一方，則要做到下列幾點：①只發送店鋪訂購的商品。②正確配送訂購數量。③除了加盟店訂購的商品外，不要進其他的貨。④注意商品有無瑕疵，注重包裝。⑤準時配送。現在，運送業者配送的正確率已達九九・九％，對一般的批發商和零售商而言，是不可思議的數字。而7—11仍在往百分之百的目標努力中。

要充分活用這個配送系統，加盟店一定要做到細分化訂貨這一點。千葉縣東部一家7—11的年輕店主說：「我們店裡每天的訂貨種類大約有五百到六百種。而且依季節、慶典、情人節等，還會增加訂購項目。對於訂貨這一點，我想我們相當注意。」

訂購不當通常會造成兩種情形，缺貨或庫存過剩。對7—11而言，缺貨的情形比較多。特別是當便當和飯糰缺貨時，陳列櫃上幾乎都空著，給客人一種商品不足的感覺，因此，其他商品儘量不要缺貨。

有一回深夜十一點多，我到中央線沿線的一家加盟店視察，這家店離車站約五分鐘路程，在十字路口的一角，因此客人很多。但是，進到店裡一看，文具的陳列是空的，擱板看得很清楚。蛋的陳列面也是空的，整個擱板都露出來。

在7—11的「系統手册」上有下述警告語：「對來購物的客人來說，缺貨就如同這家店不存在。在三千種商品中缺三十種，缺貨率並非一〇％。對欲來購買缺貨商品的客人而言，是百分之百的缺貨率！」

◎適切訂貨的前提條件

所謂細分商品之對應態度包括：①該訂貨時不要忘記。②訂購適當且正確的數量。③依訂貨週期定貨。

要做到適切的訂貨，其前提條件有下列五點：

①整理好內場的商品。

②正確掌握內場庫存量（包括箱子中的數量）。

③掌握賣場上各單品之庫存量。

④區分淘汰商品和新訂購之商品，即擬定商品替換計劃。

⑤掌握商品販賣動向。至少要知道一天賣掉多少。

此外，商品未來銷售動向也要注意：①活用POS情報。②確保適切訂貨量（參考GOT實績數）。③根據ABC分析，了解暢銷品動向。④參考大衆傳播及OFC帶來之同業情報。⑤依7—11的販賣計畫訂貨。

最後，可依下列幾點事先預測今後會暢銷的商品：①活用POS。②參考商品之生命週期。③酌量一年中之節慶，如過年、春分、情人節、女兒節、兒童節、七夕、中秋節、聖誕節等。④注意地區性活動，如煙火大會、運動會、遠足、祭典等等。

7—11公司為做到適切訂貨，都會成立假說，成立假說的前提是情報的收集和分析。情報可分為店內情報和店外情報，店內情報一來自POS資料，一來自聽到、看到的情報。店外情報之一是一般市場情報，之二是地區需求情報。四種情報當中，一般市場情報由總部商品企劃組收集後，集結成「開發推薦商品指南」，然後送至各加盟店。其他三種情報則由加盟店自行收集、分析。

有些店主在POS系統導入後，就認為POS是萬能的，從POS資料中可以得到任何想知道的訊息。事實上，POS並非萬能，除了能印出庫存以外，其他並沒有可以叫出的資料，而且都是過去的實績。

因此，加盟店須具備預測「訂購之商品陳列在賣場時，會產生何種需求」的能力。這個需求受下列因素影響而改變：地區的學校活動；商店街、辦公室、地區大會、婦女會等舉辦的活動；新建大樓剪綵、居住戶遷入等。天氣的影響也很大。

◎適切訂貨數量的具體計算例

在「系統手册」上載有適切訂貨量的計算方法。從中可以了解7—11用最簡單的方式呈現出高度的內容。

定貨量＝（訂貨週期＋調度時間）×（每日預測銷售數量＋最低庫存－現有庫存）。

7—11之訂貨週期分為下列七種：①每日訂購。②一週三次訂購。③一週二次（A）訂購。④一週二次（B）訂購。⑤一週二次（C）訂購。⑥一週一次訂購。⑦酒類訂購（只有酒類代售店）。

此分類是依商品別來分。便當、飯糰類、牛奶等是每天；冰類一週三~七次（夏天六、七次）；火腿、罐裝咖啡、糕點類一週二次等。一週二次的A、B、C，是商品別、批發商別。酒類也屬每日訂購類商品。

訂貨週期和交貨日，全國幾乎一致，但是各地區之配送者不同。在各加盟店內場都貼著一張「訂購、交貨計劃表」，內容包括配送者（負責配送的廠商、批發商）、訂貨週期及交貨日。

交貨週期為一週三次的情形時，計算式中之「訂貨週期」要以「二」來計算。因為一星期有六天（星期日不訂貨），等於每兩天訂一次貨。也就是指「訂貨日到下次訂貨日這段時間」。

調度期間是指訂貨到交貨日這段時間，不包括訂貨當天。如果二天訂貨一次，那麼，調度期間就是一天。現在可以說，什麼商品的調度期間都是一天。

最低庫存是指「為避免缺貨而隨時準備之最低安全庫存量」。以至下次交貨日前不缺貨為標準，各加盟店自行設定數量。

舉例來說明。拉麵的訂貨週期是一週三次（計算式為二）、調度期間一日，最低庫存量二十份。現在預定銷售數量設定為十份，庫存有二十五份，那麽，計算式就是：

（二天＋一天）×（十份＋二十份－二十五份）＝十五份。

最後要注意，星期日不訂貨，星期六要備好一週最高庫存量。還有，最低庫存量隨季節而有所變動。

◎使用手持掃瞄器訂貨

加盟店在訂貨時，透過兩種方法，一是利用「商品記錄表」（訂貨總帳）；一是利用GOT。依商品種類決定訂購方法。

依「商品記錄表」訂的商品有：米飯、調理麵包、牛奶、乳飲料、酒類、雜誌、消耗品、票券等。

利用GOT的商品有：米飯、調理麵包、牛奶、乳飲料、家常菜、加工食品、雜貨等。

商品記錄表大都置於加盟店內場牆上的架子上。有二十公分（至少十五公分）厚。內容方面，表的左邊記載商品貨號、商品名等。右邊記錄最低庫存量、下單號碼、下單日（日期和星期）、交貨日（日期和星期）等等。

依據商品種類，記錄表的使用期間有下列的差異：①米飯、調理麵包、牛乳、乳飲料（

二星期）。②酒類（二星期）。③加工食品、雜貨（二星期）。④雜誌（一個月）。⑤消耗品、票券（六個月）。

ＯＦＣ會在新記錄表使用日之前的星期六前，將表送到各加盟店，使用期間如有變動，由ＯＦＣ負責送來變更的表格。

以前，所有訂貨事宜都利用商品記錄表來實行，只要利用手持掃瞄器在訂貨總帳的條碼上刷過即可。但是，現在一切都自動化後，已改用ＳＣ（Store Computer）、ＧＯＴ等來訂購。

◎不需貨號即可訂貨的ＧＯＴ

ＧＯＴ是一種將人電腦小型化、輕量化成可隨身攜帶的電腦終端機，如Ａ４大小的筆記型終端系統。

在如手錶的液晶顯示部份，有各種單品別資料。主要商品項目還可叫出圖表。通常一家加盟店備有二台ＧＯＴ。

使用ＧＯＴ訂貨需先和ＳＣ（Store Computer）連線。ＳＣ是７—11加盟店店內電腦系統的中央中心。ＧＯＴ和ＳＣ連線後，可以從ＳＣ讀取各單品的資料，然後依商品分類收集於ＧＯＴ中。

資料收集後，就不須和SC連續了。只要將GOT帶到賣場，一邊看賣場的陳列數量，一邊輸入各單品的訂貨數量。當你到7—11購物時，應該看過站在貨架前，脖子上掛著GOT的店員，正在輸入資料的樣子吧？

從GOT叫出後，可以顯示在液晶部分的資料有：各單品價格、一天送貨次數、二星期間的交貨數量和販賣數量、整星期的天氣狀況、銷售金額、每次交貨後的銷售量和丟棄數量等。此外，像便當、飯糰等每日必需品，還可叫出圖表。

其中有一種圖表是用來顯示各單品銷售額順位（以直線圖示），並同時顯示淘汰數量。各單品每週銷售個數則以曲線圖表示。至於開發推薦商品的部份、GOT可提供文字情報，叫出一週八十種被推薦的商品。

加盟店一邊參考液晶顯示資料，一邊輸入各商品訂購數量，然後再次將GOT和SC連線。SC在讀取訂貨資料後，會立刻把資料傳回主電腦。

主電腦將資料集中後，批發商、廠商等叫出「出貨指示書」，共同配送中心則叫出「接受指示書」和「店鋪別、商品別、配送順序分類傳票」。就這樣，有效率地實行商品的生產、出貨、配送業務。

◎彩色圖表功用多

ＳＣ是７—11各加盟店裡電腦系統的中央中心，通常置於內場事務桌的旁邊。ＳＣ和賣場的ＰＯＳ收銀機、ＧＯＴ和ＳＴ各機器終端連成一體，形成系統。

此外，ＳＣ還統御店鋪內冰櫃溫度、店內溫度、店內照明和防範監視系統等。

在各種系統電腦中，圖表電腦（Graphic personal computer）能夠分析ＰＯＳ資料，然後透過彩色圖表，將店鋪的資料顯示出來。即使現在剛從收銀機輸入的資料，也能透過ＳＣ之加工處理，立即呈現。所謂ＰＯＳ（Point of Sales＝販賣時點情報管理），就是指在商品販賣的時點，能夠記憶販賣資料的系統。

當掃瞄器刷過商品包裝上的條碼，ＳＣ立刻能記憶廠商名、商品名及價格。另外，店員打入的客層分類和販賣時間也能記憶。ＳＣ將這些ＰＯＳ情報送回總部後，總部再活用這些情報於經營戰略和商品企劃案中。

各店鋪電腦顯示出的ＰＯＳ資料，有圓形圖表、直線圖表、曲線圖表等，色彩相當豐富。加盟店參考這些圖表，不但能夠做到「適切的訂貨」，增加銷售額，減少庫存；還能儘早淘汰滯銷品（詳細內容請參考拙著『７—11的情報革命』）。

東京武藏野地區一位店主說：「參考圖表，確實對訂貨很有幫助。夏天，鑽石冰和蚊香訂的量大到自己都懷疑是否賣得完，結果全部都賣掉。冬天的懷爐也是一樣。總之，參考POS資料，加上長年的經驗來訂貨，是最棒的了！」

札幌的一位店主說：「每日必需商品賣完的時間較容易掌握。因此，如果在下一批進貨時間還沒到之前就賣完的話，中間空檔等於商機流失，所以在訂貨時，我們會增加這段空檔的銷售個數。我每天早上八、九點都會到店裡看圖表。有些我認為訂得剛好的商品，如便當和調理麵包，在深夜二、三點鐘就賣光了。因此進貨量和銷售額也增加了。」

從圖表上還可得知各時段和一週中每一天的銷售個數；也可以掌握各單品十日間的銷售變化情形、淘汰商品及廢棄實績的情況等等。

◎直接連續中央電腦的收銀機

各加盟店構築的電腦系統，對7—11整體而言，只是全國構築的巨大「綜合情報系統」網路的終端之一而已。

綜合店鋪情報系統，是以POS系統和GOT系統為支柱，將總部、地區事務所、廠商、配銷業者等網路化的系統。

現在，7—11正在構築第四次綜合店鋪情報系統。一九九〇年九月開始引進GOT、SC；一九九一年四月開始引進ISDN（總合計數通信網）；九二年三月開始引進有大型液晶顯示板的新型POS收銀機，九二年秋天開始構築總部情報系統。引進ISDN後，新型POS收銀機和總部的系統才得以即時連線。透過光纖維電纜，ISDN能以現在電話回路的三十倍以上高速來通信。

以往，發送電報最快速度是一秒鐘二百四十個字，ISDN可發送四千個字。因此，像電話、傳真、錄影機、映像等，本來每一種服務性質都要一條電路一個號碼，現在只要一條電路、一份加入契約，一個號碼就足足有餘了。

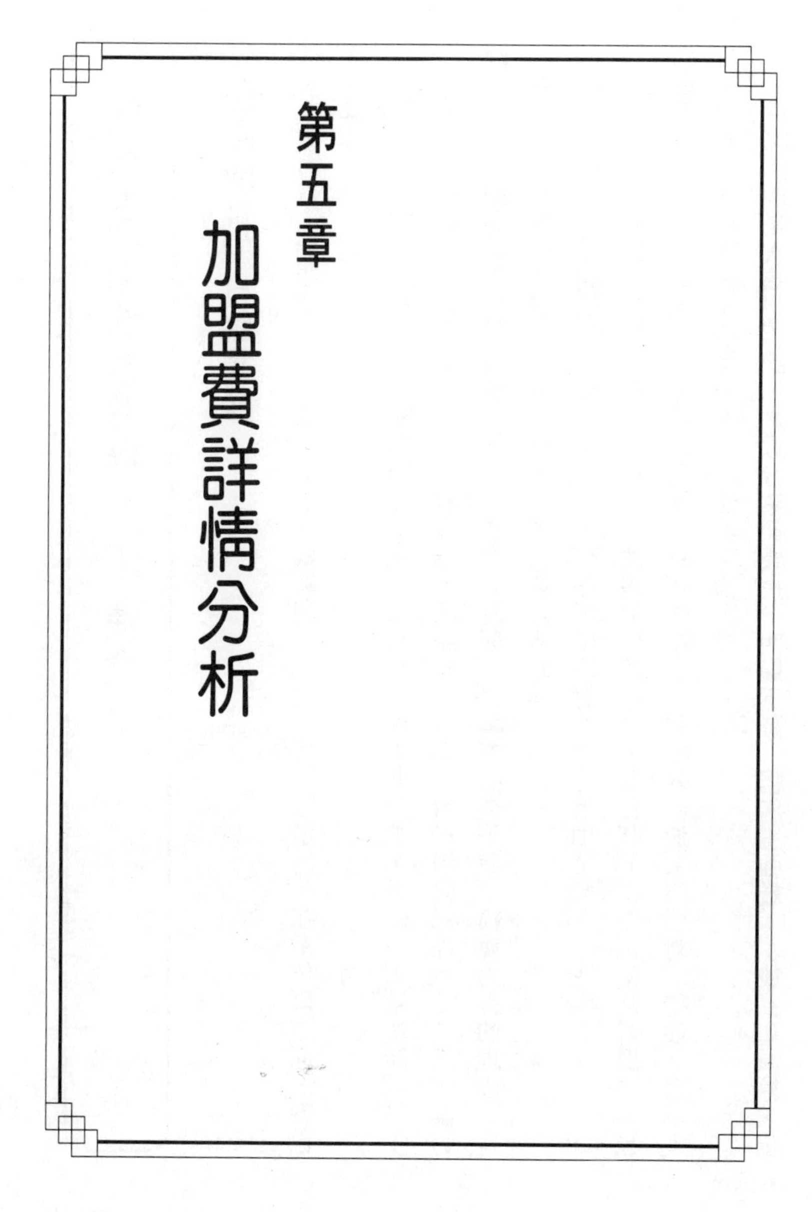

第五章　加盟費詳情分析

提高毛利率的招牌商品——速食

◎急劇成長的日銷售額

一般而言，加盟7—11的收益比爸爸媽媽商店或其他CVS還高，在銷售額方面，就已經有很大的差異了。

位於東京中央線支線上一家加盟店，在一九七五年代中期開張，當時一天營業時間是十六小時，店主現在已五十多歲了。據他描述，剛開始一整年，每日銷售額都差不多二十萬日圓。或許是剛開始工作不習慣，除了肉體上的疲勞，精神方面幾乎到了精疲力盡的地步，有一段時間甚至覺得腦筋有點不對勁，過了三個月才好些。

大約從第二年開始營業額開始增加，有些年度的對前年比增加了三〇～四〇%。

店主帶著輕鬆的語氣說：「現在的日銷售額已超過八十萬日圓。工作也相當習慣了，也知道帶工讀生的訣竅，家裡亦重新改建，有時候和家人到國外旅遊。出國時，請OFC早上九點和下午五點到店裡巡視一下，其他就交給店員了。」

這家店鋪是A類型店鋪，最近營業額成長率明顯下降，但店主強調：「成長率減縮，但毛利卻很高，有二十九％哦！更高的月份達三〇％，因為這家店毛利高的商品賣得很好，像便當、收銀台四周的商品等！」

和這家店同一沿線上一家兼賣酒類的加盟店店長說：「每次我去參加商店聚會或地區大會，總有許多人說『你那家店客人始終絡繹不絕，真令人羨慕』！」

札幌市中央區一家兼賣酒類的加盟店，於六、七年前開張，剛開始加入7—11時，可能因為不再外送酒類，營收減少了一半。但是，現在日銷售額已達七十萬日圓。這位五十多歲的店主說：「白天，一個客人的消費額平均大約六〇〇圓～七〇〇圓左右。晚上更高，而且還賣酒……。大約一個人來店裡的消費額有八〇〇圓～九〇〇圓左右。小瓶的酒相當受歡迎哦！」

◎加盟店和自營店銷售成長率平平

根據一九九四年二月期的決算（九三年度），7—11加盟店（五千四百七十五家）一家店鋪的平均日銷售額是六八萬七千圓；前一年度是六八萬二千圓，再前一年是六六萬九仟圓；五十一年度則為三六萬五千圓。

其間對前年比之成長率如下：五十二年度（八・四％）、五十三年度（五・八％）、五十四年度（三・八％）、五十五年度（六・四％）、五十六年度（一〇・三％）、五十七年度（負〇・二一％）、五十八年度（〇・八％）、五十九年度（一・八％）、六十年度（三・二％）等等。

從每一年的成長率來看，另人覺得意外。但是，除了五十七年度外，每年營業額的確有成長，這是值得肯定的。然而，最近，以既存店鋪為中心的銷售成長率正在減弱中。

一位流通經濟專門報的記者，分析了最近的情況：「當我請教鈴木社長：『東京、神奈川、長野等地的舊店鋪的成長率似乎正急劇下降呢？』他並沒有給我具體的回答。其實，舊店鋪的銷售成長率本來就很容易下降，許多商店都有這種情形。而新開張的加盟店，其銷售額的氣勢足以提昇整個平均銷售額！」

◎毛利率60％的速食商品

銷售額高可以激發店裡的士氣，這是無庸置疑的。但7—11重視的是利潤，因為毛利不同，店主的總收入也不同，所以，7—11非常重視毛利。

7—11總公司不斷呼籲加盟店要促銷速食商品，其呼籲內容如下：

①反覆向客人推銷速食商品（推銷要花時間，但不能因為自以為賣不出去就放棄推銷。事實上，從全店的賣價構成比可以看出速食的銷售額年年成長）。

②加強速食實力，以提高淨利。

③請大聲對客人說：「要不要試試新出品的冰淇淋？」不斷打招呼是成功的竅門。

根據7—11的構成比率表，速食商品占整體銷售額的比率，著實在成長中。速食商品的毛利高，因此，賣得越多，整體店鋪的毛利率就越高。7—11的毛利潤每年確實都在增高。一九七六一年度不過二四・〇％，一九八〇年度提高到二五・九％，一九八五年度則達二七・四％。一九九二年度為二九・二％，一九九三年則為二九・四％。

山手線沿線一家店鋪的店長，以得意的語氣說：「收銀台四周的商品最賺錢了，幾乎是五三％。便當類有三〇％以上，速食類最低也有三〇％〜三五％。」

廣島縣的店長說：「法蘭克香腸的毛利率高達六〇％。我們店裡一天可賣出五十根。另外，黑輪的利潤也相當高。」

栃木縣的店主說：「我們店裡的毛利率最低也沒有低於二九・五％。常常突破三〇％大關。」

從速食商品之毛利構成比就可以看出為什麼它能大幅提高毛利益率了。

某家店鋪的速食賣價構成比爲一六・六％，而毛利益構成比卻有二〇・五％，相差三・九％。從這裡就可以理解如果速食銷售額高，毛利也會增加，因而提高毛利率。

◎毛利提高3%，年間相差四三一萬圓

毛利益率增加後，受惠的是加盟店店主，他們的總收入也會增加。現在，我們將二十四小時營業，月銷售額二一〇〇萬圓的加盟店費用（付給總部的加盟費）定為四三%，然後看看扣掉加盟費後，加盟店的總收入在各個毛利率下（從二一%～三〇%）的變化：

△二一%（二五一萬三七〇〇圓）、△二二%（二六三萬三四〇〇圓）、△二三%（二七五萬三一〇〇圓）、△二四%（二八七萬二八〇〇圓）、△二五%（二九九萬二五〇〇圓）、△二六%（三一一萬二二〇〇圓）、△二七%（三二三萬一九〇〇圓）、△二八%（三三五萬一六〇〇圓）、△二九%（三四七萬一三〇〇圓）、△三〇%（三五九萬一〇〇〇圓）、△三一%（三七一萬七〇〇圓）。

即使銷售額相同，在毛利由二六%上昇到二九%～三〇%時，一個月的總收入增加了三五萬九一〇〇圓；一年增加總額達四三一萬圓。

二七%昇到三〇%後，情況也是一樣。如果增加二%，一個月的總收入就增加二三萬九四〇〇圓，一年約增加二八七萬圓。即使只提高一%，一個月也差了十一萬九七〇〇圓，一年則相差一四四萬圓。

當我將這些金額算給一位店主聽時，他驚訝的說：「毛利差還真大！」好像平常沒辦法

感覺到差異有那麼大。有些店主雖然自己經營著零售店，卻從未充分認識7—11的制度。

前面也曾敍述過，這個總收入扣除店裡的經費就是店裡的利潤。現在扣除經費後的淨利突破二〇〇萬圓，而且人事費用中還包括了店主夫婦的薪水，把這份薪水再加上去，店裡的收入就更高了，有時候甚至超過三〇〇萬圓！

當然，並不是每一家加盟店都有如此豐厚的收益，7—11也不能做此保證。

雖然收入很多，但也付出相當的代價。三百六十五天中，天天都是二十四小時營業（即使不到二十四小時，營業時間還是很長）。如果遇到兼職人員或工讀生突然請假，店主沒有時間調整班表，只有自己深夜站夜班了。就算是大年初一～初三也不例外。

想想，別人在休息時，店主還得工作，再說羡慕就奇怪了。

A類型和B類型加盟費的極端差異

◎超過的費用給總部使用

不論到那裡的7—11，和店主聊天時，可以說，沒有一個店主不提到加盟費的問題。每一位店主都關心費用高低的問題。

在7—11對希望加盟者說明公司系統時（或招募加盟者時），為了使聽者容易了解系統內容，在「BOOK-2」裡，有以下的陳述：「對本公司，你必須在各會計期間，支付一定比例的銷售總收益，做為經營7—11的代價。」

這個加盟費比率是加盟店營業總利益（毛利額）的四五%。換句話說，加盟店取五五%，總部取四五%。如果是二十四小時營業的店鋪，加盟店取五七%，付給總部四三%。

7—11將店主取的部分稱為「總收入」，總部收的部分，稱為「7—11Charge」。以月銷售額二一○○圓，二十四小時營業的店鋪為例，看看總部和店主在毛利二六%到三○%之間，各分得多少金額：

毛利率	**店主總數入**	**7—11加盟費用**
△二六%	三一一萬二二○○圓	二三四萬七八○○圓
△二七%	三二三萬一九○○圓	二四三萬八一○○圓
△二八%	三三五萬一六○○圓	二五二萬八四○○圓
△二九%	三四七萬一三○○圓	二六一萬八七○○圓
△三十%	三五九萬一○○○圓	二七○萬○九○○圓

這個金額是多是少，端看以什麼為基準來考量。

加盟費率並非一成不變。在店主達到某些條件後，費用會減少。而且，總部負擔八〇%的水電費，換算成加盟費的話，總部實質上只收取三五～三六%的費用。

另外，十五年契約到期後，再簽定契約時，費用更低。

△更新時（五年中）　減少四%

△六～十年　減少五%（減少四%＋減少一%）

△十一～十五年　減少六%（減少五%＋減少一%）

其實，問題並不在於加盟費的金額太多或太少，而應該是，相對於7—11公司提供的系統Know How，金額太多或太少才對。當某些店主抱怨費用過高時，我就會問他：「和系統的價值比起來，還是太高嗎？」被這麼一問，店主通常無話可說，而隨便說句：「雖然……還是蠻高的，……。」

毛利分配系統

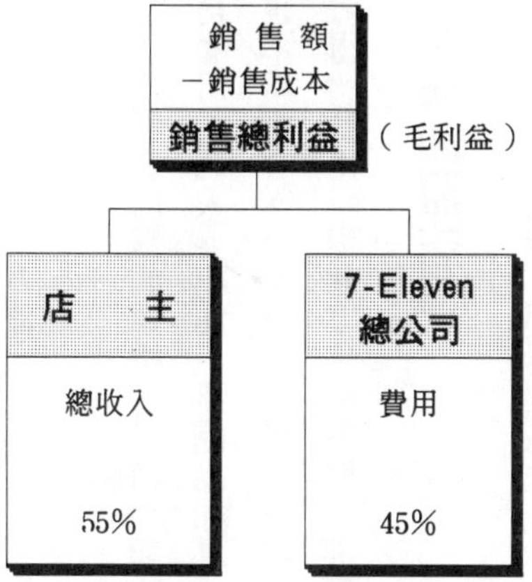

銷售額
−銷售成本
銷售總利益（毛利益）

店　主	7-Eleven 總公司
總收入	費用
55%	45%

位於都心附近一家加盟店店主，強調費用並不過高。下面是他個人的想法：「錢並非被拿走，而是我們主動付錢。

從毛利率中抽出四五%，似乎很高，但是對銷售總額來說，差不多才一三％～十五％左右。而淨利率占銷售總額的七％。有淨利率這麼高的零售店嗎？

以我現在店裡的規模，月銷售額約三〇〇〇萬圓，如果所有進貨事宜都要自己來，大約得再雇用三個人。再加上新商品如洪水般蜂擁而出，光選定推薦商品就夠累的了，現在連資金也不用擔心。這樣考慮過後，一點也不覺得費用太高，有多的部份就讓總部去利用吧！如果覺得『利用』這個字用得不好，那麼就說活用好了！」

◎四種加盟店

四五％的費用，是針對營業十六小時，A類型加盟店收取的。

以此為基準，二十四小時營業的店鋪減少二％。而開張五年以上，以月為單位，每日銷售額超過三〇萬，就減少一％。如果符合上述三個條件，那加盟費就變四二％。

7—11的店鋪型態有四種：①A類型。②C類型。③經營委託店。④直營店。

在有價證券報告書上，只分成加盟店和自營店。但是如果不細分，就無法掌握加盟店的實際狀況。

「BOOK-1」上記載的A、C類型解說內容如下：

①特約加盟店A　加盟店主須運用自己資金或借入金，改造或建立新店鋪，本公司設置

主要販賣設備。

②特許加盟店C　本公司準備店鋪，招募店主。

C類型的店鋪支付的加盟費與A類型不同。此外。A類型加盟後，馬上成為特許連鎖加盟店；而C類型必須先有經營委託店的經驗，等達成7—11規定的條件後，才能成為C類型店鋪。

各類型店鋪數量方面，七三%是A類型，二五%是C類型，剩下的是直營店和經營委託店。

在有價證券報告書中，A、C類型屬於加盟店，經營委託店和直營店則屬於自營店（Training store）。也就是說，7—11公佈的自營店，包含了總部直營店和經營委託店。

總之，加盟店一共有A類型、C類型、經營委託店和自營店四種，其中，社外人士參與的是A、C類型和經營委託店。

◎月薪三十四萬的經營委託店

只要二五三萬圓（三萬是消費稅）的資金，就可以開經營委託店，原則上必須百分之百二十四小時營業，而且由夫婦共同經營。店鋪由總部準備。有時候是總部購買土地，建新店鋪；有時候則租借、改裝，然後付屋主房租。

幾乎所有的店鋪都和住家在一起，大部份是二樓。如果有其他原因能讓經營者住在二樓，那麼也必須在離店鋪徒步幾分鐘就能到的範圍內，租賃公寓。

但是，基本上，住家和店鋪的建築用地相同是加盟條件之一。如果店主自己在店鋪附近有房子就令當別論，否則即使店主擁有豪華住宅，也必須住在總部準備的店鋪二樓。因為店鋪是二十四小時營業，總部認為與其花時間在通勤上，不如將那些時間花在店鋪營運上。

房間一般隔成三間（二間和室、一間洋室），也有隔成兩間的。每一間六塊榻榻米大，廚房、浴室和廁所共八塊榻榻米大。傢俱和其他用品自備，各店鋪二樓的居家隔間不盡相同。

只要二五〇萬，就能開零售店。這一點對店主來說，等於圓了一國一城主人的夢，所以應該認可7—11總部開放門戶的功績。只是，說是說一國一城的主人，事實上，有一段期間是薪水階級。

在一九八五年以前，一個月薪水是三〇萬圓，扣除房租三萬，實收金額是二七萬圓。八六年開始變成三一萬五〇〇〇圓，實際收入是二八萬五〇〇〇圓。不論是物價高或物價低的地區，全國都是一樣的金額。

這個金額是夫婦兩人的總收入，而不是個別收入。所以夫婦個別收入是一四萬二五〇〇圓。如果先生的份算三分之二，則先生收入十九萬，太太收入九萬五〇〇〇圓。沒有定期加薪，也沒有年終獎金。

現在，夫婦的月薪已提昇到三四萬圓（已扣除房租）。只要努力提高日銷售額，就可以轉成C類型店鋪。在總部發給經營委託店的文件中，提到C類型契約的成約條件是：經總部觀察委託其間中的店鋪管理、營業狀態，而認定為獨立事業主者。

一般而言，如果店鋪營運管理都進行得很順利的話，基本上最快在開店後第四個月就能轉成C類型。7—11定一段經營委託期間的目的，是要讓店主熟習7—11的經營管理系統，培養店主成為C類型的獨立經營者。

有些店主成功地成為C類型的店主；有些店主甚至以A類型店鋪為其第二家開張的店。

◎銷售額較加盟店少的自營店

總部規定：「經營委託期間，最少三個月（有時可能因銷售額、經營內容等而延長）」。

事實上，在三個月中大致都能轉成C類型店鋪，只是，並非所有的店鋪都能成功轉移。至於成功轉移的比率有多少，7—11總部不願公開。

成為C類型的條件之一的日營業額，受客觀地理條件和附近同業商店的影響很大。因此7—11會讓有加盟意願者選擇希望地區，或介紹較適合的店鋪。經營委託店也是從「希望地區」中的幾家挑出自己喜歡的地點，如果挑到地理條件差的店鋪，就很糟糕了。

因此，總部提出「如果經營二、三年後，日營業額仍不能達到標準，請與總部商談」。如果商談後，仍無法改善，總部會介紹別的店鋪。有不少加盟店就因而成功了。甚至還有再開第二家的店主。當然，也有些人在花盡心血後，決定放棄。而有些經營委託店店主，不斷追求轉成C類型的夢想，持續經營著委託店。

有一位經營委託店店主感嘆的說：「我們這個門市已經持續二、三個月都維持在三八萬圓左右，只要突破四〇萬圓，就能成為C類型店鋪。但是，就在這個候，總部為實行優勢戰略（集中店鋪），在附近又開一家7—11，結果我們的營業額受到影響，現在差不多超過三〇萬圓！」

一般只要確保日營業額在三五萬或四〇萬，總部自然會讓店主儘快轉成C類型商店。但是，有些店主在總部提出時，卻予以拒絕，說：「現在還不想轉型！」因為，營業額受季節變化影響很大。

這家店鋪主要的客層是大學生。每年一到寒暑假，學生都回故鄉去，整個營業額都下降了。C類型店鋪和A類型一樣，店主的收入依銷售額、毛利率、經費等而有上有下，學生一放假收入就減少，一年平均下來，每個月的收入差不多在二七萬圓以下。因此，店主才會猶豫是否要轉型。

經營委託店雖是月給制，但店員都稱經營者為店主。所以，兼職人員和工讀生根本不知道自己上班的地方是A、B、C類，還是經營委託店。

◎如累進課稅之C類型店鋪費用

由經營委託店轉成C類型店鋪後，收入有什麼變化呢?變成C類型後，不再是月給制，而必須和A類型一樣，支付加盟費給總部。其加盟費較A類型為高。

C類型要針對下列項目，支付給總部「7—11 charge」：①商標使用許可費。②設備之經費。③定期實地盤點存貨服務費。④廣告費。⑤商品企劃行銷服務費。⑥會計簿記服務費。⑦經營諮詢服務費。⑧水電費。⑨損害保險費。⑩報告用表格、帳簿類。

此外，C類型費用還包括「店鋪之土地、建築物經費及特定項目之維修費」。

所以，C類型不但比A類型高，而且毛利額越高，加盟費也越高，店主的實際收入就越少。這種情形，很像所得稅中的累進課稅。

以下是相對於銷售總利益的雙方費用例示：

毛利額	總部費用	店主部份
①〇～二五〇萬圓以下的部分	五六%	四四%
②二五〇萬圓起～四〇〇萬以下的部份	六六%	三四%

③四〇〇萬圓起～五五〇萬以下的部份　七一%　二九%
④五五〇萬圓起的部分　七六%　二四%

這是二十四小時營業，且配有住宅的例子。如果同樣是二十四小時營業，但不含住宅，那麼，總部會從加盟費中，扣除合理的居住費用。

在7—11的加盟店中，也有店主誤以為總部的費用高達七〇%。一位A類型店鋪的店主就說：「A類型店鋪四五%對五五%的費用，好像是參考美國South Land公司的費用而定的。但是，在美國，這費用好像還包含了總部為店主準備的土地、建築物費用。如此說來，應該相當於日本的C類型費用嘍?」

◎C類型的費用平均在60%以上

許多人都誤以為，C類型店鋪的費用比率，在毛利額四〇〇萬圓～五五〇萬圓的範圍時，一律是七〇%。其實，這是錯誤的觀念。

前面例示中，〇～二五〇萬圓的毛利額部份，費用五六%、二五〇萬一圓～四〇〇萬的部份，費用六六%、四〇〇萬圓～五五〇萬圓的部分，費用七一%的情形，是採階段性不同比率的費用加算而來的。

我們以日銷售額四〇萬圓為例，毛利設定二九%，一個月三十天的月銷售額是一二〇〇萬圓，毛利益額是三四八萬圓。店主的總收入為一四八萬八〇〇〇圓，而總部的費用則為二〇一萬二〇〇〇圓。

一九九四年二月期，7—11全體店鋪的平均日銷售額是六八萬七〇〇〇圓，以毛利率二九%來計算C類型的毛利，金額為五九七萬七五〇〇圓。以這個金額為基準，看看各階段雙方收取之金額是多少：

毛利益額	加盟店	總部
〇～二五〇萬圓	二〇萬圓	一四〇萬圓
二五〇萬一圓～四〇〇萬圓	五一萬圓	九九萬圓
四〇〇萬一圓～五五〇萬圓	四三萬五〇〇〇圓	一〇六萬五〇〇〇圓
五五〇萬一圓以上	一一萬四六〇〇圓	三六萬二九〇〇圓
合計	二一五萬九六〇〇圓	三八一萬七九〇〇圓

總部的費用比店主的總收入約多出一六五萬圓。加盟費占總合計金額的六三・九%，店主占三六・一%。依各個階段雙方實取的毛利益來看，可以看出總部收取的部份金額的確不少。

只花二五〇萬圓的資金，就能成為店主，那麼，費用高一點也是沒辦法的事。

即使自己擁有土地，要成為A類型，光改裝建築物的費用差不多要二〇〇〇萬～三〇〇〇〇萬圓左右。如果還須從購買土地開始著手，大約要近億的花費。這不是隨便就可以拿得出來的。店裡每月花費的成本如果以一四〇萬來計算，那一個月的利潤大約是八二萬，如果成本一五〇萬，那麼，利潤就是七二萬，再加上薪水，應該有一〇〇萬以上的收入。

◎以積極態度實現加盟美夢

要成為7—11的店主，有無學經歷的限制呢？答案是「NO」！不論零售業者、廠商、農家、不動產、建築業者，什麼職種都可以，運動選手、歌星、演員都歡迎。即使長嶋茂雄、山本浩二、山口百惠、松田聖子想當店主，一律接受！

舉例而言——上班族。有許多上班族抱著「想要獨立，靠自己的力量工作」的夢想，因為，人生只有一次。但是，任夢想的羽翼展翅飛翔，而縮著實際人生的翅膀，認命地等待退休的人，又何其多啊！

有些人手頭上有資金，但是缺乏決斷力；有些人有決斷力，卻無領導能力。結果，終究都是放棄夢想，等待退休，這是多麼遺憾的事啊！

然而，如果你參加7—11，只要準備二五三萬的資金，就能獨立。總部會為你準備土地、店鋪、店裡的設備、器具等。只要從經營委託店開始，進而成為C類型店鋪的店主就可以了。

沒有零售經驗也無妨。透過特許加盟連鎖制度，可以接受總部提供的便利商店經營系統及Know How。

7—11總部訂立了加入經營委託店的八個項目。現在，我們引用發給經營委託店加入者的資料內容來說明：

①訂定契約時，必須繳納現金二五三萬圓（含三萬圓消費稅）。
②在店鋪的二樓或附近備有住家，必須要搬家。
③加盟後，夫婦、家人團結合作，必須為店裡的經營竭心盡力。
④不鼓勵加盟後還想繼續其他事業者加入。
⑤夫婦兩人皆須開朗健康，感情和睦。
⑥融入地方，與附近鄰居建立良好關係。
⑦必須參加總公司的教育研修訓練，達到一定的成績標準。
⑧簽訂契約時，須有保證人在旁（也有需要二位保證人的情形）。

這裡同時列舉了必要條件和希望項目。總之，只要有二五三萬的資金、對事業有熱誠、健康、夫婦感情和睦，並具備一般社會常識，就可能成為店主。

總部一位招募部職員表示：「許多上班族把經營零售店想得太簡單了。沒做過後勤人員，就不知道這裡面有多辛苦！」

如果上班族抱著和原來上班時一樣的心情來加入7—11，那麼，奉勸這些人最好早點放棄當店主的夢想。

即使總部藉由POS系統、物流系統和經營Know How來進行經營指導，在賣場實現四大基本原則的，還是店主。店主必須帶領一〇～二〇名兼職人員和工讀生，徹底追求「店鋪清潔」、「服務態度親切」、「鮮度管理」、「在三十坪的門市中備齊三千種暢銷商品」、「整理一大堆一〇〇圓以下的商品」，這不是那麼簡單的事。

並不是加盟後，六八萬七〇〇〇圓的平均日銷售額就會自動送上門來。必須認清這一點，再來接受挑戰！

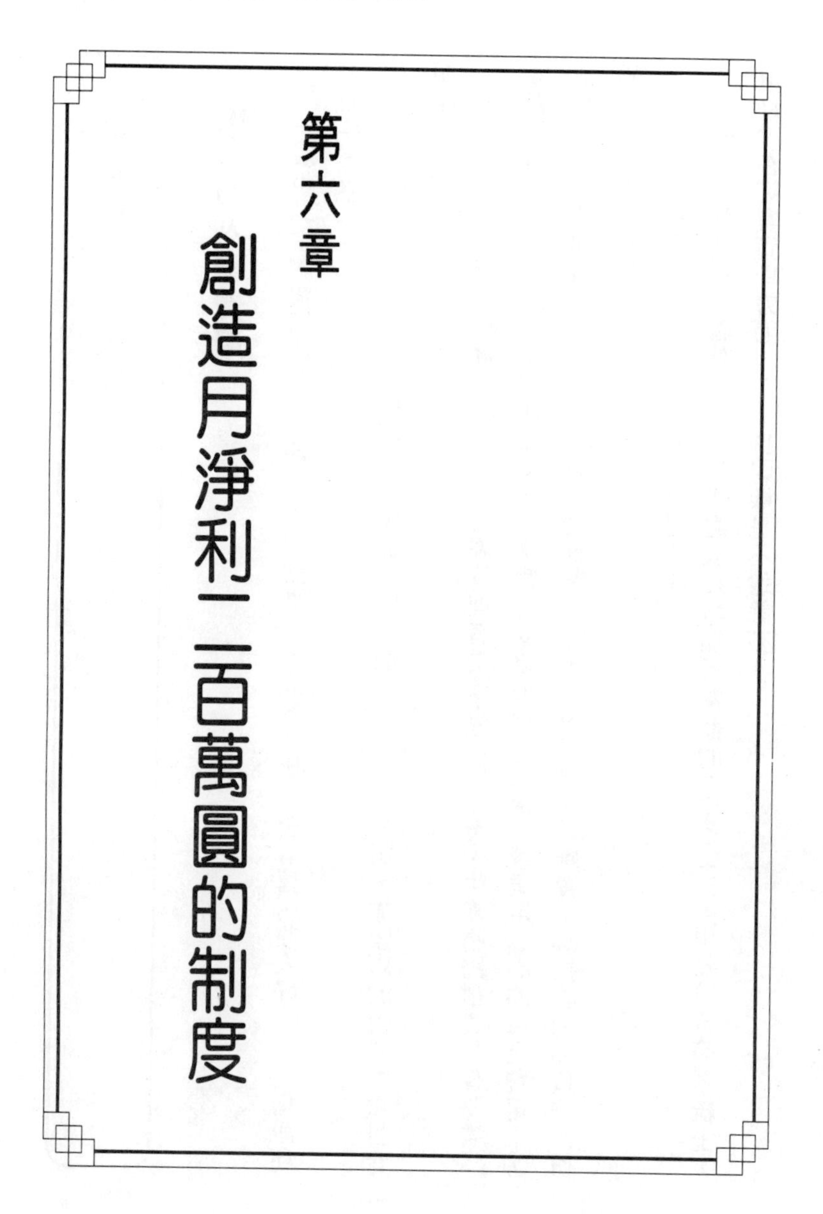

第六章 創造月淨利二百萬圓的制度

金額的差距在於能否維生

一般說到「加盟店比其他便利商店利潤高」，或者「比一般零售店收入好」，是指淨利，而非總收入。

所謂淨利，是總收入扣掉店裡營業額後的金額。在7—11公司，加盟店的營業費項目有明確的規定：

①從業員薪資、社會保險費；②設施管理者賠償責任保險費、生產物賠償責任保險費；③盤點增減、不良品；④消耗品；⑤電話費；⑥建築物、設備、營業用具等的保全費用；⑦清潔費；⑧許可費；⑨印花稅；⑩現金補貼；⑪未兌現支票；⑫雜費；⑬扣除總部負擔部份的水電費；⑭利息。

另外，總部對每一單項的內容，也都有明確的規定。

前面也敍述過，雖然7—11把重點放在增加營業額的Know How和POS等系統上，但是，在經費管理方面，7—11同樣是不遺餘力。

◎驚人的人事費用

舉例而言，在這些營業費項目中，人事費用的負擔最重，因此，7—11指導會各加盟店，十六小時營業的商店，人事費用不要超過月銷售額的六％；二十四小時營業的商店，人事費用應該控制在七％以下。在指導店主時，如果店裡人事費用太高，總部派來的人就會說出類似「人事費要六五萬圓？該想辦法減低些嘍！」等等的話。

因此，即使經營委託店的日銷售額達到三五萬圓或四十萬圓，一旦人事費用超出範圍，管理能力仍將被質疑。

在日本各地都設有勞動基準監督署，規定工讀生和兼職人員的最低薪資額度。有些7—11加盟店就以最底線的工資，雇用員工。

在山手線沿線的工場街上，一家A類型的店鋪的店主說：「我們店裡雇用十六個工讀生和兼職人員，再加上四個正職人員，一共是二十人。工讀生和兼職人員一小時七〇〇圓，滿一年後再調為時薪八〇〇圓。

夜間時薪從八百五十圓起，十一點關門。另外，我自己多付給負責開門、關門的員工一個人一天五〇〇圓。不多，我覺得有點不好意思！」

當我聽說，一九八六年春天，在札幌一家7—11，付給員工的夜間時薪是五〇〇圓時，我以為那是基本底薪，每小時會另加五〇〇圓。結果，這家店真的以時薪五〇〇圓請工讀生，白天只有四五〇圓，當然，現在有些提高了。

同一時期，多摩地區的加盟店，最低時薪五一〇圓，最高五二〇圓。大學生一定認為7—11的薪水太低。多摩地區一家A類型店鋪的店主說：「雖然時薪不高，但是來應徵的人很多哦！可能年輕人對7—11印象不錯吧！」

但是，如果店鋪附近有時薪較高的辦公室或芳鄰餐廳、工廠等，來應徵的人就沒那麼多了。而且，資質較高的家庭主婦或學生也不太會來應徵。

東京郊外一家店鋪的店主說：「7—11指導我們，在我們這個地區，深夜時薪不要超過一〇〇〇圓。但是，這樣找不到好的員工。所以，我付給深夜員工的時薪是一二〇〇圓，然後減少打工的人數來平衡人事費用。」

店主的淨利

	銷售總利益
−	7-Eleven加盟費
	總收入
−	營業費
	淨　利

◎C類型店鋪淨利的計算實例

總收入扣除營業費用後的具體淨利是多少呢？首先，我們來看看C類型店鋪的情形。一三九頁表是根據某店鋪的實績，數字略作改變後的收支決算例。

表中的日銷售額是六八萬七〇〇〇圓，以毛利率二九％算出總收入。店主的總收入是二二一萬九二三五圓。

C類型　日銷售額68萬7000日圓的收支表（作者推定）

	〔支　出〕
人事費用	845,000圓（扣除夫婦部份）
消耗品費	78,000圓（購物袋、其他）
電話費	9,100圓（基本費＋超次費）
清潔費	26,650圓（地板清潔費）
維修費	26,000圓（冷凍冷藏櫃、POS機器等）
雜費	26,000圓（廁所衛生紙、其他）
盤點增減	78,000圓（遭竊、內部員工取走、其他）
不良品	325,000圓（超過保存期限之商品淘汰額）
支出	1,413,750圓
（總收入）	2,219,225圓－（總支出）1,413,750元＝805,475圓
實收金額	805,475圓

支出（營業費）合計一四一萬三七五○圓，實際收入是八○萬五四七五圓。這就是總部所說的淨利。

夫婦兩人二十四小時辛勤工作，日銷售額六八萬七○○○圓，淨利八十幾萬，不知道有什麼感覺？

我想，能夠靠自己的努力提昇銷售額，減少經費支出，而使之反映於利潤上，應該充分享受到開零售店的樂趣吧！

但是C類型店鋪中少有取得販賣煙酒許可的，這使日銷售額可能低於平均日銷售額。

現在我們設定日銷售額為六○萬，而經費減為一二一萬三五○○圓，那麼，毛利額就是五二二萬圓，店主的總收入則變成二○一萬六○○○圓。支出額一二一萬的話，淨利是八○萬二五○○圓。若毛利益率以二八・○%來計算的話，淨利也有七四萬八五○○圓。

如果日銷售額是四○萬圓，其他條件不變的話，店主的總收入是一四六萬八○○○圓，淨利是二五萬四五○○圓。

然而，7—11加盟店的平均營業費用是銷售總額的八％。以這個比率來計算，如果日銷售額七○萬的話，經費是一六八萬圓。毛利率二九％，則淨利是五三萬九三七五圓。日銷售額六○萬的話，淨利是三三萬六○○○圓。但是，不能因為日銷售額低就減少經費，特別是人事費用。

◎深夜站櫃以縮減人事費

總之，一般而言，剛成為C類型店鋪那段期間的實際收入不多。

事實上，果真要縮減經費的話，能壓在一○○萬以下算很了不起。只要稍微放鬆，經費又不知不覺增加到一二○萬、一三○萬圓，甚至一四○萬圓以上。

那麼，要從那方面減呢？自然是人事費用。還有一種方法是減少商品，這一點後面會說明。最容易看出效果的就是人事費用。儘量減少工讀生和兼職人員，夫婦倆增加在門市的時間，就可縮減人事費用。許多C類型店鋪都這麼做。

當然，也有店主提出的利益會讓A類型店鋪覺得汗顏的情形。比如日銷售額八○萬圓的店鋪。若毛利益以二九％來計算，毛利額是八○萬圓×三○天×二九％＝六九六萬圓。總收入為二四六萬五〇〇〇圓，扣掉營業費一五〇萬圓後，淨利是九六萬五〇〇〇圓。如果每個月都能有這樣的收益，一定非常滿足，何況僅花二百五十萬的投資金額。

不過，有些店鋪卻經營得相當辛苦：

「我認識幾位經營委託店店鋪的店主，在轉型成C類型店鋪後，他們卻認為沒轉成前的月給制反而收入多，因為要維持和月給相同水平的收入，必須大幅提高營業額……」，一位受訪者這麼說。

然而，總部卻說，有最低保證金額，不必考慮這些。問題是，這一年來，幾乎沒有一家C類型店鋪享有最低保證制度。

◎收益相差懸殊的A類型店鋪

接著來看看A類型店鋪的淨利情形。以前面C類型的例子來計算，月銷售額二一〇〇萬圓，毛利益率二九％，則二十四小時營業店的店主總收入如下：

日銷售額二一〇〇萬圓×〇・二九×〇・五七＝三四七萬一三〇〇圓。在相同條件下，C類型的總收入是二二一萬九三七五圓，比A類型少了一二五萬一九二五圓。如果以相同的營業經費一四一萬三七五〇圓來算淨利，則A類型的淨利是二〇五萬七五五〇圓。

A類型淨利　　二〇五萬七五五〇圓

C類型淨利　　　　　　　八○萬五六二五圓

開店五年以後，A、C類型之加盟費會依營業額而降低，淨利就會增加。但是，A類型的二○五萬淨利實在比C類型高出很多，就算經費再多出二○萬，還有一八五萬圓的利潤。

那麼，如果日銷售額設定為六○萬圓，情形又如何呢？店主的總收入為二九七萬五四○○圓。假設營業費用和日銷售額七○萬時一樣的話（即一四一萬三七五○圓），那麼，淨利就是一五六萬一六五○圓。

A類型淨利　　　　一五六萬一六五○圓

C類型淨利　　　六○萬二二五○圓

若日銷售額五○萬圓，其他條件相同，則A類型的總收入是二四七萬九五○○圓。扣掉一四一萬三七五○圓，淨利是一○六萬五七五○圓（這只是紙上計算，實際上經費會變動）。

A類型淨利　　　一○六萬五七五○圓

C類型淨利　　　　三四萬一二五○圓

剛開幕不久，應該都是二十四小時營業。那麼，A類型的加盟費就是四三％。現在，以日銷售額六八萬七○○○圓、毛利率二九％來計算，店主的總收入是三四○萬六七三三圓。營業費簡定為一五○萬的話，淨利就是一九○萬六七三三圓。這樣算起來，可以明顯看出A類型的淨利面比C類型充裕許多。

一位同業商店的職員說：「只要維持一個程度的營業額，而且販賣順利的話，四三％的費用應該還不是問題。其實，應該看成雙方各取一半的金額。現在日本最貴的就是土地和人事費用，對A類型而言，是店主負責的部分。總部等於借別人的摔角場行相撲比賽，而且是在滿地鋪金的摔角場上，這樣，還收取一半的費用……。」

◎十五年間，請總部多多指教

關於加盟店的利益和營業經費有多少，內容如何等，總部每個月都會為每家加盟店作一份損益表（P／L）和資產負債表（B／S），然後請OFC帶到加盟店去。我曾看過一家A類型店鋪的損益表，是從電腦列印出來的。

損益表內容包括當月份和三月到當月為止的累計額，也就是合併記錄。

次頁的表格就是當月份損益表的例子，是依據一「A類型店鋪最近某月的「損益表當月欄」內容略作變更後而成的。

其中，「當月商品進貨總額」是將店主在當月進貨之所有商品進貨傳票（進貨價格）合計後的金額；「月末商品盤點總額」是利用售價還原法算出全商品的期末存貨成本額。「盤點增減」是指減少商品和增加商品之成本額；「法定福利費」，是給職員、工讀生和兼職人員的各種保險費，各店鋪皆加盟「百分之百從業員共濟保險」。

損益表（以A類型為例）

		10 月	銷貨比（%）
1	銷貨收入		
(1)	商品銷貨總額	19,942,489	96.99
(2)	空容器銷售總額	0	
(3)	其他營業收入	618,897	3.01
	合計	20,561,386	100.0
2	銷貨成本		
(1)	月初商品盤點額	7,461,727	36.29
(2)	當月商品進貨總額	15,182,527	73.84
	合計	22,644,254	110.13
(3)	月末商品盤點總額	6,663,945	32.41
	銷貨總成本	15,980,309	77.72
(4)	進貨折扣總額	14,600	0.71
(5)	商品淘汰等	18,096	0.88
(6)	盤點增減	435,901	2.12
	淨銷貨成本	15,213,369	73.99
3	總銷貨收入	5,345,960	26.00
	7-Eleven 加盟費	2,403,626	11.69
4	總收入	2,940,278	14.30
	營業費		
(1)	薪資	875,915	4.26
(2)	法定福利費	0	
(3)	盤點增減	435,901	2.12
(4)	消耗品費	86,358	0.42
(5)	電話費	0	
(6)	設備維修費	0	
(7)	一般維修費	22,617	0.11
(8)	清潔費	30,842	0.15
(9)	洗衣費	6,168	0.03
(10)	現金補貼	10,281	0.05
(11)	事務手續費	—12,337	—0.06
(12)	不良品	180,940	0.88
(13)	利息	0	
(14)	印花稅	0	
(15)	雜費	84,302	0.41
(16)	水電費	57,571	0.28
5	營業費合計	1,782,672	8.67
6	淨利	1,155,549	5.62

「一般維持費」是根據總部和加盟店訂定之「維修契約」來支付的維修費用（冷凍冷藏庫、POS機器等），也包括販賣用備品、建築附帶設備之修理費用。「事務手續費」包括：①營業金延遲匯入之罰款；②各種傳票延遲交出之罰金；③店主要求7—11總部實行額外的「實地盤點」作業所增加之費用（十萬圓）。「支付利息」是指向總部融資金額之利息（根據「開放會計」計算）。

一位A類型店鋪的店主說：

「最近，附近又開了一家7—11。我想是基於總部之優勢集中戰略。店裡的營收受到不小的影響，日銷售額平均五〇萬圓左右，淨利約在一〇〇萬圓前後。不過，現在偶爾還是會有一天銷售額達七〇萬圓以上的情形。過年時，一天可以賣到一三〇萬左右。從前，沒有競爭者時，一個月的淨利有一五〇萬哦！」

他接著又說：「剛開始總部雖已事先說明集中店鋪戰略，但是聽了仍不高興！不過，在契約期滿的十五年間還是希望和總部維持良好的關係！」

最低保證制度發揮多少功能

要增加收益，有增加營業額、提高毛利率和節減經費等方法。其中，增加營業額最快速的方法就是延長營業時間，將十六小時延長到二十四小時。

一家營業十八小時店鋪的店主說：「我們店裡剛開始從上午七點營業到晚間十一點，結果發現關店後，來往於門市前的人還很多，而且地下鐵最後一班車是十一點四十五分左右，因此，在開店後一年半到二年的時候，我們將營業時間改成七點到深夜一點鐘。」

◎深夜是銷售顚峰時段

沒想到也有營業十八小時的加盟店。

如果營業時間是二十四小時的話，深夜常會有販賣尖鋒時段。一家經營未滿一年的加盟店表示：「我們店裡最擁擠的時段在晚上十點到半夜一點左右。真不知這人潮是從那裡來的？」

有些加盟店早晚各有一次販賣尖峰。東京近郊的店主說：「我們店鋪附近有一所高中，所以早上門市有三台收銀機。晚上從六、七點到十二點左右也是販賣尖峰時段。」

以下根據關東A店冬季某星期四之時間別販賣情形，來說明深夜的銷售情形（假設深夜十一點至翌日上午七點的營業總額為一〇〇％）：

△二三點～零點（一七・五％）
△零點～一點（二三・五％）
△一點～二點（一〇・〇％）
△二點～三點（四・八％）
△三點～四點（一六・六％）
△四點～五點（五・六％）
△五點～六點（四・〇％）
△六點～七點（一八・〇％）

若是在假日前的星期五，則尖峰時之比率如下：「深夜二點～三點」是二八・一％；其次是「零點～一點」的一八・八％、「二三點～零點」的一八・四、「一點～二點的」一一・六％等等。

至於十六小時營業和二十四小時營業店的比率，在一九八一年一月時，十六小時營業店占三四・二％；一九八六年六月三十日的記錄是四〇％、二十四小時營業店占六〇％；到一九九四年二月期為止，二十四小時營業店比率已達八九・五％。

一般而言，總部勸誘十六小時營業店變更為二十四小時營業店。一位店主認為，如果二十四小時營業能增加二〇%的營業額，資本就賺回來了。

營業額增加，總部的費用收入也會增加，不論對加盟店或總部都有好處。

但是，營業時間延長，經費一定也隨著增加，最明顯的是人事費用，更何況深夜時薪又比較高。

加盟店在長時間經營後，已經能抓到雇用體制和日銷售額之間的平衡點。

一位店主說：

「如果每小時三個人輪班，那麼日銷售額最好是六〇萬圓到六五萬圓，低於這個數字就表示效率不好。反過來說，即使日銷售額到七〇萬圓左右，也不要高興得太早，因為這需要安排四個人來對付。四人體制的話，日銷售額須在一〇〇萬圓以上才算效率不錯。一〇〇萬圓的銷售額需要四人來應付。因此，有時候在日銷售額六〇萬圓的情況下，淨利有一二〇萬到一三〇萬；而日銷售額八〇萬圓時，淨利反而只有一〇〇萬。」

東京近郊線的一位店主說：

「效率最好的是二人體制，日銷售額二四萬到三四、五萬左右的情形。如果超過這個金額，每小時就要再增加一個人。那麼，在三人體制下，日銷售額不到五〇萬，淨利就沒什麼改變。當然，如果到達七〇萬左右，實際收益就增加不少了。」

◎商品汰換金應在營業額的〇・八%以內

7—11加盟店在經費管理上應特別注意的，除了人事費外，還有商品淘汰和減少兩方面。這兩點和人事費用一樣，只要稍一疏忽，營業費馬上就增加。

其中，淘汰是指將超過鮮度保證期間的商品丟棄，然後以進貨價格算在經費上，因為7—11基本上不接受退貨。在進貨時，除了下述三種情形外，都不屬於配送者的責任範圍，也就是不能退貨：

①送來之商品和所訂購的項目不同，②送來的數量多於訂購數量，③送來之商品有變形、破掉或傷痕等瑕疵。

只是，有一小部份商品可以退貨，如加工火腿等。

總部在指導加盟店時，都會告訴店主淘汰額（丟棄額）應控制在營業額的〇・八%以內，最多也不要超過一・三%。如果日銷售額是七〇萬圓，一・三%就是二七萬三〇〇〇圓以內。千葉縣一位A類型店鋪的店主說：

「我們的日銷售額大概在五三萬左右，淘汰金額在總部所希望的範圍內。其實，減少商品丟棄率很簡單，只要貨少訂一點就行了。」

但是，光減少淘汰率並沒有用，必須做到減少淘汰、不缺貨，而且營業額增加，這才是最重要的。

一位A類型店鋪的店主神氣的說：「我們店裡的淘汰金額比以前少很多。以前甚至有一個月平均三○萬圓的情形，現在最多也差不多二○萬左右。少的時候，也有壓到一○萬以下的情形。而且，營業額還增加不少哦！」

栃木縣一家經營四年的A類型店鋪，月銷售額約二○○○萬圓，淘汰金額一天大約是五○○○圓到六○○○圓，一個月平均約一六萬圓，相當於營業額的○•八%。這家店的店主在經營方面頗花心思，因此，商品淘汰額控制在○•八%左右。

但是，一到過年等年節時，營業額會突然增加，淘汰額也會增加。最近的一次正月初一，淘汰金額突破三萬圓，初二和初三各二萬圓，之後一直到初六都是一萬圓。過了初六以後，到正月中旬是九○○○圓，中旬以後才減少到五○○○～六○○○圓左右。

有些加盟店訂定淘汰額的目標時，非常仔細。像東京城東區一家月銷售額三○○○圓的加盟店，就明確訂定淘汰金額要控制在一天八八○○圓以下。店主說：

「便當和飯糰的平均售價一個是二二五圓左右，所以我們將丟棄目標控制在二十個以內，也就是四四○○圓～四五○○圓上下；日常商品像家常菜的平均售價是一八○圓左右，我們控制廢棄數在二十個以內，三三○○圓。其他像麵包、牛奶、櫃台四周商品等，合計金額大約八○○○圓。過去的淘汰實績平均約一萬圓，希望以後能達到八八○○圓的目標。」

◎飯糰淘汰後，海苔還可以用

「哇！這便當看起來好像很好吃！」看起來好吃就想嚐一嚐，但是，就算鮮度仍在可以吃的範圍內，只要超過鮮度保證期，就非丟棄不可。對7—11而言，「還可以吃」並不重要，重要的是「新鮮」。

光新鮮還不夠，必須在鮮度保證期間，否則，一律丟棄，這就是7—11。

在給兼職人員和工讀生的「訓練手册」中，關於店鋪外面每日清掃部份，有下列規定：

「垃圾處理（淘汰商品處理法）

A、不可送給工讀生或折價出售，須完全丟棄。

B、垃圾之容器蓋必須蓋好，並每天清洗。」

大多數店主都遵循這項規定。但有些店主會將要丟棄的商品買下來給家人吃，或者便宜賣給夜間工作人員吃。

有些加盟店還將烤竹輪加入黑輪中，然後說：「這附近的便利商店都是這麼做。」

札幌一加盟店店主說：「飯糰外面裹著一圈海苔，只要海苔完整無缺的剝下來，然後丟棄米飯就好了。這海苔可加入清湯麵中調味，有些店鋪還賣給麵店五～十圓呢！當然是瞞著總部這麼做。海苔這種東西，如果不遇到濕氣，可以放個二、三天以上，因此，留下來可以撈回一點廢棄損失。」

如果他們要瞞著總部這麼做，總部也沒辦法，但實際上，這是違反規則的。

有一位原任警官的店主，對商品淘汰非常嚴格，他店裡一天的廢棄額是一萬圓，一個月三十萬圓，如此一來，店裡可以說沒有利益可言。結果，店主儘量少陳列每日必須商品，營業額縮減了不少。

一般而言，店主都要在經營過程中不斷嘗試錯誤，然後才漸漸能抓到控制商品淘汰的訣竅。一位開店兩年，活潑年輕的店主說：「剛開幕時，本店的淘汰金額達八〇萬圓（一個月），我認為是負責人太鬆散才會這樣。我想，剛開始前三年不設定淘汰的目標，在嘗試錯誤中，希望能有些收穫，使第四年以後能經營得更順利。」

◎一九〇〇萬、一七〇〇萬圓的最低保證額

縮短經費有一定的限度，就好像人的能力也有限一樣。因此，如果營業額太低，再怎麼縮減經費，實際收入還是很少。

這麼一來，店主不就無法維生了嗎？這一點，系統緻密的7—11公司，為加盟店設立了一套「最低保證制度」。在契約的第四十二條中有明確說明：「如果你遵照契約每日持續營業，經過十二會計期間後，你的年總收入未達一定金額的話，本公司保證不會再低於此金額

，並負擔不足的部份。」

所謂十二會計期間，是因為一個月要決算一次。這真是一條相當體諒人的契約條文，等於在說，如果加盟店的總收入太低，總部保證其最低限度額。

有些人說：「最低保證根本就是貸款，需要利息的，一〇%的高利息哦！」其實，這是誤解。北海道一位店主說：「現在我們店裡幾乎沒有負債了，所以每個月有些利潤。但是以前每到三個月一次的盤點時，就會有貨品減少的情形，再加上經費增加的時候，幾乎沒有利潤可言。那時候，總部確實付給我們最低保證金，我記得每三個月一次，三〇萬到四〇萬圓左右。絕對不是借，而是給。」

二十四小時營業的店鋪，最低保證額是一九〇〇萬圓、其他的是一七〇〇萬圓，這是年間額度，是從營業總利益（毛利）扣除加盟費後的金額。實際運用時以月為單位做調整。二十四小時營業店的一天份最低保證額是：

$$19,000,000 \times \frac{1日}{365日} = 52,100日圓$$（10位數刪除不計）。

十六小時營業的算法相同，一天的最低保證額是四萬六六〇

一個月份的最低保證金

營業日數	最低保證額	
	24小時營業	其他
28日	1,457,534	1,304,109
30日	1,561,644	1,397,260
31日	1,613,698	1,443,836

○圓。用一天的保證額乘上當月的營業日數，就是一個月的最低保證額，如前頁圖表。加盟店的總收入如果到這個額度，就由總部補足。

現在，如果二十四小時營業店二月的總收入是一一二萬圓的話，總部就要付給這家店三三萬八○○○圓的最低保證額；十六小時營業店的話，總部要付一八萬四八○○圓。如果六月份的總收入是九○萬圓的話，二十四小時營業店可以收到五六萬三○○○圓的保證金，十六小時營業店可以收到四九萬八○○○圓的保證金。

◎淨利八○萬卻門可羅雀？

加盟店的日銷售額要多少，才能到達最低保證額線呢？二十四小時營業店的總收入是「月銷售額×毛利益率×五七％」，因此，如果毛利益率以二九％來計算，營業日數三十天的情況下，日銷售額如下：

一五六萬三○○○圓÷○•二九÷○•五七＝九四五萬五五三五圓（一圓以下四捨五入），那麼，除以三十天就是三一萬五一八五圓。

加盟店的經費通常不會少於一○○萬，就算再會縮減，也不太可能低於八○萬。那麼，若經費以一○○萬來計算的話，實際收入為五六萬二○○○圓。

然而，經費在一五○萬～一六○萬的店鋪也不在少數，這麼一來，面臨實際收入掛零的

最低保證制度

●最低保證制度是總部保障店主年間最低總收入的制度。
●而年間總收入是銷售總收益扣掉加盟費後的金額。

	24小時營業	其　他
7-Eleven	1,900萬圓	1,700萬圓
Low Son	1,800萬圓	1,600萬圓
Family Mart	2,000萬圓	1,050萬圓＋銷售額的1%
OK	1,500萬圓＋年間銷售額的2%（最高不超過1,700萬圓）	1,500萬圓＋年間銷售額的1%（最高不超過1,600萬圓）
THANKS	1,800萬圓	1,500萬圓
Mini Stop	2,100萬圓	1,600萬圓

可能性。要削減經費就要減少人事費用，店主只有延長營業時間並增加自己在門市的時間。

最低保證額以月為單位支付。因此，如果二十四小時營業店一整年總收入超過一九〇〇萬，而十六小時營業店超過一七〇〇萬，那麼，只須將總部負擔的保證金額退還給總部。但是，如果年間總收入在最低保證額之下，下一年不論總收入多好，也不須將今年收受的保證金退還總部。

在特許加盟連鎖制度下，總部和加盟店是各自獨立的事業體。所以，總部提出最低保證制度應該是一種自我滿足的態度。不過，實際上總部和加盟店的財力相差懸殊，是有必要建立此制度。

光看到「二十四小時營業店最低保證額一九〇〇萬」、「十六小時營業店一七〇〇萬」，就好像讓加盟店看到一個大金庫一樣，使店主安心不少。其實，7—11總部負擔的費用不算多，因為適用最低保證的加盟店很少。而且，在年度決算後，有時還可以收回一些。

然而，人外有人，利用最低保證制度的好處來增加收入的加盟店也不是沒有。一位五十多歲的店主，從總部職員那裡聽到一個例子：「好像是平交道附近的店鋪。自從平交道拆除後，來往的行人一下子少了很多，因此，年輕夫婦出去工作，把店鋪交給老夫婦去經營。並且極力削減經費，好像只雇用一名職員。此外，為了減少商品淘汰，缺貨也無所謂，因此，一邊享用最低保證制度，每個月還有八〇萬左右的淨利！」

這位店主並非故意降低營業額來收受保證金，所以，總部也須依契約付費。但是，八〇萬的淨利著實讓人驚訝！

這家店大概將經費縮減到四〇～五〇萬圓吧！只有一般加盟店的一半左右，而且夫婦還外出工作。比一些勉強維持的店鋪還吃得開，真是厲害的辦法！

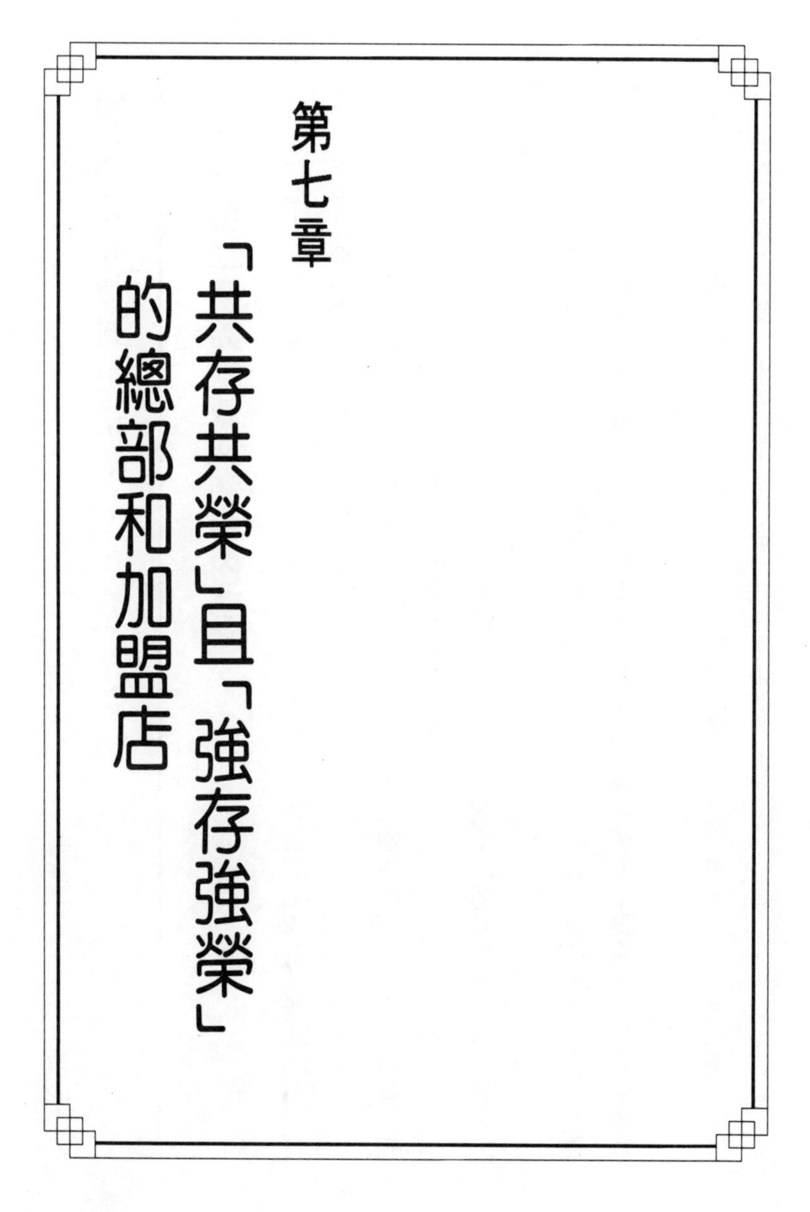

第七章

「共存共榮」且「強存強榮」的總部和加盟店

開放會計是對是錯？

◎能成為第二個鈴木敏文和中內功嗎？

「C類型—二五〇萬圓」、「A類型—三〇〇萬圓」，只要這麼點資金就能成為7—11的店主，豈不是神話故事中才有的事嗎？

經營委託店雖是月給制，但只要實績不錯，很快就能成為C類型店鋪。「最快的有三個月就轉型的店鋪呢！」（一位三十幾歲的經營委託店店主說）

成為一國一城的主人後，要進昇為第二個鈴木敏文、第二個中內功似乎也不再是夢想，他們兩位也是從經營小零售店起家的。

現在，7—11的加盟店中，擁有兩家店鋪以上的店主也不在少數。早稻田店的店主經營好幾家店鋪；東京多摩的福生東口店和羽村東口店的店主是同一個人；福島縣一位店主經營十幾家店鋪……。

加入7—11，可以獨立自主，並考驗自己的經營手腕，二五〇萬、三〇〇萬的資金，以一個上班族來說，只要一年份的年終獎金和紅利應該就夠了。

但是，實際上，二五〇萬、三〇〇萬圓的金額是用來做為開店營業的資金：

①研修費：指參加課程中心的研修（五天）和訓練店研修（五天）的費用。包括交通、食宿費。

②開店代辦費用：基本建築計劃的製作、設備的搬運、會計簿計準備、店鋪準備營業等所花的費用。

③營業執照申請費：飲食店營業許可、乳飲料販賣業許可、食品等販賣業許可、肉類販賣業許可、海產類販賣業許可等等。如果想販賣酒、米和香煙，必須申請執照（此類執照不易申請）。

④收銀機用現金：置於收銀機備用之金錢。主要是零錢。

⑤庫存資金：備齊三千種商品所需的資金。

⑥採購消耗品所需費用：紙袋、塑膠袋、發票用紙、SC感熱紙、彩色膠帶、鉛筆、原子筆等。除了這些販賣用消耗品外，還有展示架隔板、客人購物用籃子及清掃用具等。

A類型店鋪三〇〇萬的開店資金中，五〇萬是研修費、一〇〇萬是開店代辦費，其他開店費用一五〇萬圓。C類型店鋪二五〇萬的開店資金中，研修費五〇萬圓、保證金二〇〇萬圓。保證金做為轉成C類型店鋪時所需之開店代辦費（五〇萬）及其他開店費（一五〇萬）用。

C類型比A類型少五〇萬是因為不需要製作建築計劃的費用。如果在經營委託時期放棄繼續經營的權利，保證金如數退回。

◎其他資金是三百萬的五～八倍

A類型店鋪除了要準備開店資金外，也需要不動產投資金額。即使本來是經營零售店，擁有土地者，也必須準備店鋪改裝資金，除了依7—11的規格改裝店面外，招牌、壁磚等也都包含在內。

練馬區一位年輕店主說：「我叔叔有一片七十坪的空地，我就在那塊地開了一家7—11。」

以前重新改裝大約要花上一五〇〇萬圓左右，最近又增加了不少。一九七五年代中頃開店的札幌市加盟店店主說：「在我開張時，改裝金額平均約在二〇〇〇萬到二五〇〇萬圓左右，札幌和首都圈沒有什麼差別。」

若店主沒有土地，就須購買土地。一般而言，門市加內場大概至少要六十坪左右。各個地方的土地價格都不同，有時相差甚鉅，而且7—11要求設立店鋪的地點必須符合公司的水準。若以一坪一〇〇萬圓的最低估計金額來算，也得花上五〇〇〇萬圓到六〇〇〇萬圓。一坪二〇〇萬圓的話，就超過一億圓了。一位都心區內的店主以「一坪一八〇萬的代價，花了二億八〇〇〇萬圓買土地」。

這麼大筆的資金，大概沒有人能立刻拿出來。通常會向銀行貸款。這位店主就是透過貸款取得二億八〇〇〇萬圓。一般店鋪的改裝費用也是透過貸款方式取得。

有些店主向別人租借場地，然後付房租。但是，有時候找到的地點並不符合總部「立地條件」的標準，因此實行起來並不簡單。前面敍述的那位花二億八〇〇〇萬圓的店主很幸運，他找到一個地理條件非常好的地點。然而，大多數的加盟者還是在自己的土地上新建或改裝店鋪。

整體算來，店鋪新建或改建須一五〇〇萬～二〇〇〇萬的資金，加上開店資金三〇〇萬圓，等於至少需要一八〇〇萬～二八〇〇萬的金額。三〇〇萬圓只能算是事業投資基金而已。

◎向總部借資開業者很多

事業投資金二五〇萬、三〇〇萬就足夠了嗎？C類型的二五〇萬當中，五〇萬是研修費、五〇萬是開業代辦金，剩下的事業投資金額只有一五〇萬。A類型的情形也一樣，扣除後的事業投資金只有一五〇萬圓。

所謂事業投資金，包括收銀機內現金、保證金、商品及消耗品庫存三項。收銀機現金依規定放二〇萬圓；保證金固定為五〇萬圓。

一位一九七五年代初期加盟的店主說：「現在商品進貨金大概是三五〇萬左右吧！在我開店時大約是五〇〇萬圓上下，可能是最近降低庫存量的緣故吧！」

事實確是如此，現在的商品進貨金額以三五〇萬圓左右居多。「商品貨款＋消耗品貨款」就是商品及消耗品庫存。

假設商品庫存為三五〇萬、消耗品庫存為一〇〇萬，那麼，加上收銀機現金和保證金，一共是五二〇萬圓。

然而，充當事業資金的金額只有一五〇萬圓。等於缺少三七〇萬圓。換句話說，所謂二五〇萬、三五〇萬圓就能加盟，實際上應該是：

C類型　二五〇萬＋借資

A類型　三〇〇萬＋借資＋不動產投資資金（貸款）

這才是真正的開業資金內容。當然，總部會準備好庫存品、設備、消耗品給店鋪，但是是以加盟店向總部購買的形式進行（只有剛開店時才向總部購買商品）。

貸款由總部支付，不足的金額由總部借給加盟店。這是7—11的基本制度。當然，如果自己有足夠的資金最好，向銀行融資後付給總部也可以。

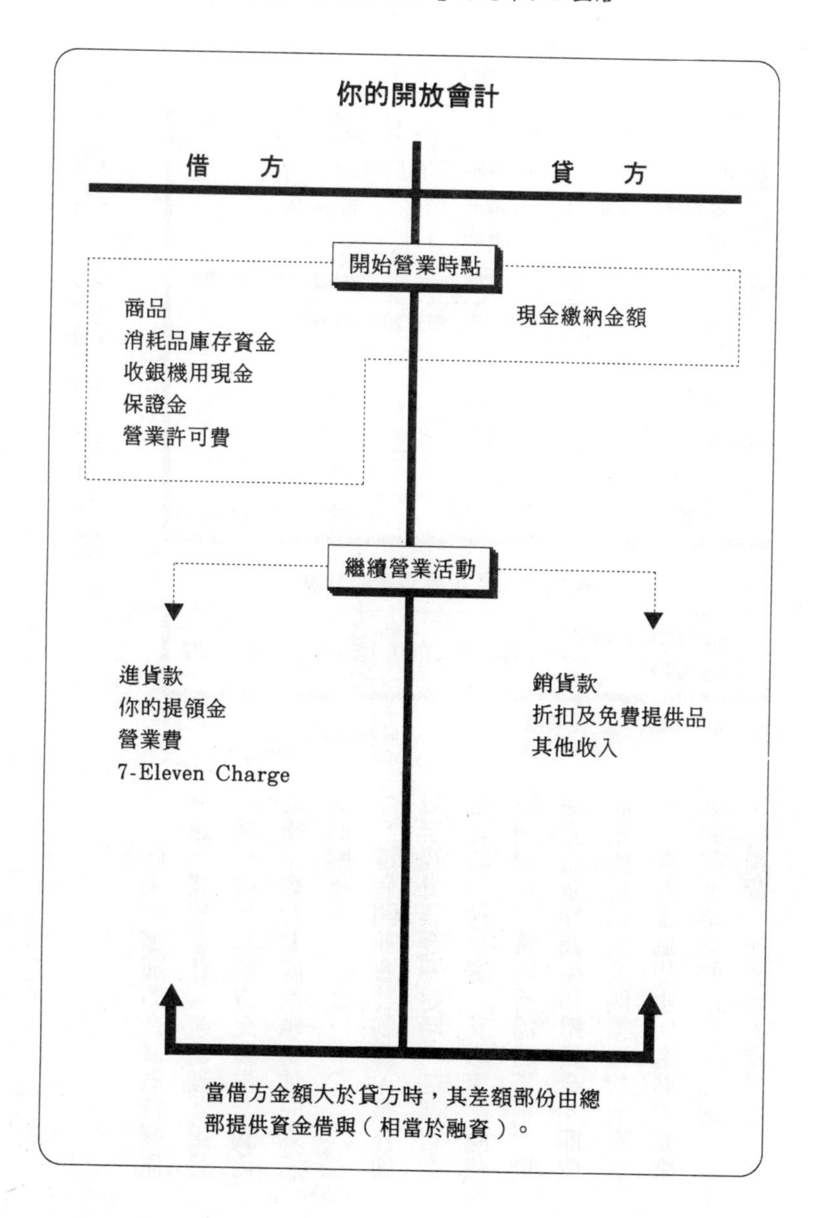
你的開放會計
借　方
貸　方
開始營業時點
商品
消耗品庫存資金
收銀機用現金
保證金
營業許可費
現金繳納金額
繼續營業活動
進貨款
你的提領金
營業費
7-Eleven Charge
銷貨款
折扣及免費提供品
其他收入
當借方金額大於貸方時，其差額部份由總部提供資金借與（相當於融資）。

◎年利率7%的開放會計制度

開放會計推算例

		借方	貸方	餘額
開店日	商品、消耗品	450萬圓	開店時資金	
	收銀機用現金	20萬圓	150萬圓	
	保證金	50萬圓		
	計	520萬圓	150萬圓	370萬圓
第一個月	進貨款	1,400萬圓	銷貨額2,000萬圓	
	7-Eleven Charge	258萬圓		
	營業費	180萬圓		
	月次提領金	35萬圓		
	小計	1,873萬圓	2,000萬圓	
	累計	2,393萬圓	2,150萬圓	243萬圓

A類型　月次提領金的計算

{上個月銷售額的8.5% 或者100萬圓} －上個月員工薪資＝月次提領金≦月次提領金限額

註）16小時營業店：{上個月銷售額的75% 或者80萬圓} －上個月員工薪資

店主和總部的金錢借貸關係透過「開放會計」來處理。這是一種持續記載雙方金錢借貸關係的簿記會計制度。結構如一六三頁的圖表。

這個開放會計制度，是在加盟店經營資金不足時，總部自動融資的一種制度。其融資範圍包括剛開始營業時所需的資金。擔保品為庫存商品和銷貨金。即使店主能自己調度開業時的所有資金，在營業過程中，有時還是會遇到需要週轉的情形，如進貨款、營業費、加盟費的支付等。一般如果遇到這類問題，一定要去調度資金，但是，透過7－11的開放會計制度，會從店主在營業過程裡的淨利中自動扣除向總部借款的餘額。

此外，也免除了煩雜的手續，不必和銀行斡旋、計算資金、準備抵押品等等，所以，應該可以說相當便利。

當然，店主要向其他金融機構貸款，總部也一概不干涉。只是，總部和店主間每天發生的債權和債務，一定要透過開放會計來處理。具體而言，店主每天一定要去銀行做營業額匯入的手續。

如果在開放會計的帳面上，有月初未付餘額（借貸金），總部將針對此餘額課年利率七％的利息（以前是一〇％）。當「借方」餘額超過「貸方」餘額，就會產生未付餘額。這項利息每月都要計算，然後列在損益表的營業費項目中「支付利息」一欄，利息計算方法如下：

$$\text{月初餘額} \times 7\% \times \frac{\text{當月營業日數}}{365\text{日}}$$

舉一個月初開業的例子。事業所需資金五二〇萬圓，店主準備了一五〇萬圓，那麼，開放會計上的未付餘額就是三七〇萬圓。這個餘額將在次月計算，因此，若假設當月營業日數是三十天，那麼，利息就是「三七〇萬圓×〇・〇七％×（三〇日÷三六五日）＝二萬一二八七圓。」

另外，依據一六四頁的表來推算，次月的期初未付餘額是二四三萬，假定當月營業三十一天，那麼，利息就是一萬四四四六圓。

如果店主開業時資金匯入五一〇萬圓的話，資月的期初餘額就變成「零」了，如此就不需支付利息了。

◎每月匯入「月次提領金」而非「淨利」額

所有與開放會計相關的事務，都透過銀行辦理。基本上，總部和店主間，沒有直接的現金收受行為。淨利的支付也是每個月透過銀行匯入。

只是，淨利並非金額匯入加盟店的帳戶，而是事先設定月次提領金限額，依限額度支付，其他淨利則在每季決算後再支付。每月支付額的計算式如下：

現在假定二十四小時營業店前一個月的營業總額是九〇〇萬圓，員工薪資（不含店主夫婦）七〇萬圓，提領限額為三五萬。

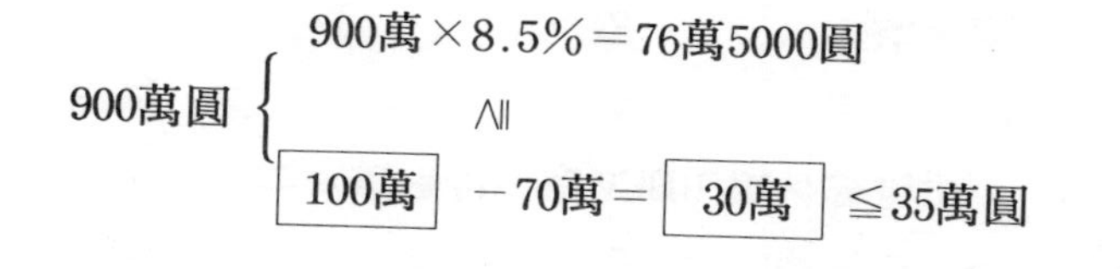

900萬圓｛ 900萬×8.5％＝76萬5000圓 ≧ 100萬 －70萬＝ 30萬 ≦35萬圓

那麼，月次提領金就是三〇萬圓。

月銷售額九〇〇萬表示在營業日數三十天的條件下，日銷售額是三〇萬圓。這表示相對於日銷售額，人事費用太高。健全的店鋪經營須賴良好的人事費用控制，從月次提領金就可看出人事費控制得好不好。

由於這是開放會計的固定制定，因此。即使淨利再高，基本上還是不能提出來，要提款必須透過某種手續。假定二十四小時營業店的日銷售額七〇萬圓，月總額二一〇〇萬圓，上個月員工薪資八〇萬圓，月次提領金限額六〇萬圓，那麼，月次提領金計算法如下：

2100萬圓｛ 2100萬×8.5％＝ 178萬圓 ≧ 100萬圓 －80萬圓＝98萬5000圓≦60萬圓

在這個例子中，月次提領限額為六〇萬，店主可以收到全額六〇萬。

至於開業當月的限額方面，因為前一個月的銷售總額和員工薪資都是零，所以計算方法不同：

$$100\text{萬圓（16小時營業店為80萬圓）}\times\frac{\text{營業日}}{\text{當月日數}}=\text{月次提領金}\leq\text{提領金限額}$$

這是A類型店鋪的計算方法。C類型二十四小時營業店以八〇萬來計算。例如，店主於八月二十五日開幕，營業日數就是七天。若限額三五萬，那麼提領金就是「一〇〇萬圓×（七天÷三十一天）＝二二萬五八〇六圓≦三五萬圓」。員工和兼職人員薪資計算至每月十五日，然後於次月二十五日發放。給店主的月次提領金也在二十五號匯入。

在每季決算時，會將各月份的淨利和月次提領金之間的差額算出。一年四次決算月份爲：一～三月一期，四～六月、七～九月、十～十二月等，共四期。現在假定四～六月的淨利和月次提領金如下，那麼可算出「自己資本增加部分」的金額：

淨利－月次提領金＝當月自己資本增加份

四月	八〇萬	三五萬	四五萬圓
五月	九〇萬	三五萬	五五萬圓

六月　一〇〇萬　三五萬　六五萬
合計　二七〇萬　一〇五萬　一六五萬圓

這一六五萬圓就是第二季的「自己資本增加額」部份。只是，店主不會收到金額。這資本增加額的七〇％匯入店主帳戶，剩下的三〇％充當「自己資本」，如果在開放會計上有借入金，就要用這個三〇％來償還，詳細算法如下：

一六五萬圓 ×〇・七＝一一五・五萬 →店主帳戶
一六五萬圓 ×〇・三＝四九・五萬 →自己資本的增加

匯入店主帳戶日為次月二十五號或再次月五號。

◎7％的利息太高？

小田急沿線的店主說：「開放會計的好處就是不需要做煩雜的帳務處理」。對零售店來說，要自己處理帳務問題相當辛苦，每天營業結束後，還要面對瑣瑣碎碎的帳目，不如交給總部處理。開放會計幾乎將所有簿計會計資料都作出來，只是店主須自行向稅務機關申報，一般都委託會計師辦理。

舉例而言，加盟店每個月五號前都會收到總部送來的「薪資支付表」，十五號前會收到「損益表」、「資產負債表」、「總帳」、「商品動向分析」（PMA）及「速食品目月報」等資料，這些資料每月送來一次。而「商品報告書」、「日別庫存一覽表」及「採購日報」等，一個月送來二次。另外，每三個月實地盤點後，還提供一份「盤點庫存增減報告」。

如果這些資料都要自己作的話，大概相當令人厭煩吧！特別是經營過零售店的人，更能體會不用理會帳目的輕鬆感。

對開放會計有意見的，大部份是針對七％的利息吧！

「從年底到過年這段期間，銷售額會急速上昇，特別是一月。當然，我們在年底就會增加庫存量。平常一個月的庫存約五〇〇萬～六〇〇萬，到這個時候通常會超過一〇〇〇萬，因為正月初一、初二、初三銷售量驚人的關係。所以，十二月的進貨金額就會大幅增加，但是營業額沒那麼多。十二月的收入算在一月的帳目上，使一月本身變成零收入，在開放會計的帳面上，借方帳款變成很多，而造成未付餘額過高，被扣除七％的利息。但是，一月幾乎沒有進貨額，過年銷售額又高，使二月的收入增加很多，帳面上的貸方帳款數目也很大，而總部卻不會因此支付加盟店七％的利息，因為沒有這種規定。」

總之，一個是不公平，一個是利息過高的問題。的確，如果店主將自己的利潤存在銀行等金融機構的話，可以生利息，不論是活期存款或定存，也可以做其他投資，如買股票等。

然而，在開放會計上，貸方餘額超過時也不算利息，店主每三個月又可以拿到七〇%的淨利，只有借方餘額超過時才計息，這樣也算不公平嗎？

至於「利息太高」這一點，當銀行的利率調漲到七%以上，總部還是維持七%的固定利率。事實上，經濟情勢變動，利息本身也應跟著變動。

所謂固定利率，是不管經濟情勢如何變動，從前貸款時的利率，在金額未還完之前，不會有變動，而不是永遠不會變動的意思。

現在，固定利率也隨著金融市場的調降行動而變化。7—11公司也已從一〇%降到七%。我想，應該還可以再調降一點吧！

兩種淨利並存的家盟店

◎淘汰商品不需計費

當你看過7—11的會計處理制度後，會強烈感覺到其巧妙之處，特別是開放會計中的利息制度等等。

我以會計的門外漢身份來判斷，覺得這個制度簡直是天才的傑作。它不光是為增加總部利益而設計，而是在使店主獲利之餘，總部也跟著受惠的制度。其細密之程度，令人嘆為觀止。

例如，零售價格。7—11都是依推薦商品價格販賣，所以全國加盟店價格統一。在推薦售價有變更時（漲價、降價），OFC會送「價格變更通知書」到各加盟店去。

但是，有時候加盟店會自己更動價格。一般而言，剛開業或靠近鮮度保證期時才會有降價活動。東京西區一位店主說：「拉麵的銷售幅度變動很大，因此，即使尚未接近鮮度保證期，只要開始某種程度的滯銷，就會降低出售。雖然沒有發傳單，但會做店頭廣告。」

廉價處置品通常在架上或櫃檯附近陳列三天，若有剩餘的，以淘汰處理。

這種降價情形，在7—11分為「促銷降價」和「店主自行降價」兩種。本來在降價前，店主必須以書面通知總部，俟總部認可為促銷降價後，總部將針對降價後之毛利益收取加盟費。但是，如果總部判斷是店主想自行降價，即使廉價出售，也要依原來之推薦售價收取加盟費。

現在有些人認為這種制度仍繼續實行中，實際上，現在已不計算店主降價的部份，而只在傳票上處理。

有些店主認為商品廢棄部份也需收取費用，這是錯誤的觀念。7—11不對淘汰商品計算費用。7─11公司是針對加盟店的毛利額收取加盟費，毛利額（銷售總利益＝銷售額－銷貨成本）。但是，這裡的銷貨成本（原價）分為二個項目，請參照一四四頁的損益表。

在「2銷貨成本」的項目中，分成「總銷貨成本」和「純銷貨成本」兩項。通常，總銷貨成本＝期初盤點＋當月進貨額－期末盤點，現在為使大家容易了解，將期初（在7─11相當於月初）、期末盤點額算成零。那麼，計算式就會變成「銷售額－銷貨成本＝銷售總利益」。如果一個售價一〇〇圓的商品賣出十個，銷售額是一〇〇〇圓，成本以七〇圓計算，十個是七〇〇圓，銷售總利益＝一〇〇〇圓－七〇〇圓＝三〇〇圓。

假設一個商品被淘汰，但仍算在銷售額內，那麼，費用計算就是用三〇〇圓來計算。但是，銷售額是在打收銀機時計上去的，因此，是九〇〇圓而非一〇〇〇圓，銷貨成本等於六三〇圓，這樣是沒辦法算計淘汰商品的費用的。

然而，7─11卻設定兩個成本項目，「總銷售成本」和「純銷貨成本」，這可能就是造成誤解之處。在7─11的帳簿上，商品淘汰的損失含在總銷售成本中，也就是說，雖然銷售記錄是九個，但是總銷售成本中卻以十個計算。如此一來，銷售總利益＝

銷售額九〇〇圓－（九個的成本六三〇圓＋損失部份七〇圓）＝二〇〇圓。

但是，損失部份一定要扣掉，因此，設立了「純銷售成本」項目。

「銷售額－純銷售成本」就等於只扣掉九個商品的成本而已。計算式如下：

銷售額成本九〇〇圓－純銷售成本〔總銷售成品（賣掉部份的六三〇圓＋損失部份的七〇圓）－損失部分的七〇圓〕＝二七〇圓。

這二七〇圓就是銷售總利益，總部對此金額計算加盟費。設「總銷售成本」這個項目的目的與盤點有關，這裡不做詳述。

◎非酒類販賣業卻賣酒

商品流通之間自然產生回扣，商品量越大，回扣就越多。7—11的加盟店通常都是向總部推薦的批發商訂貨，但是下單過程一律經過總部電腦處理，費用也由總部支付。在這過程中，如有收受回扣，會還元給加盟店，其明細記載於「商品動向分析」（PMA）中。

舉一個較早以前的例子，這例子在「制度手册」的「商品動向分析」中也有舉出來：五十九年十一月時，麵包成本是二五萬五〇〇〇圓、回扣一萬一〇〇〇圓、售價金額三二萬一〇〇〇圓等等。

以下再舉幾個回扣的例子：牛奶、乳飲料七〇〇〇圓，乳製品一〇〇〇圓，果汁汽水等一〇〇〇圓，糖果、餅乾五〇〇〇圓，加工食品二萬圓。食品一共是一〇萬四〇〇〇圓，非食品三萬四〇〇〇圓、委託商品一萬五〇〇〇圓，合計一五萬三〇〇〇圓。這是一家沒賣酒和香煙的店鋪記錄。由於資料是影印的，看不太清楚，金額方面或許有些誤差。

姑且以此例中毛利益最高的咖啡（七〇・六一％）為例來計算毛利率：

$$毛利率（\%）＝\frac{售價－（成本－回扣）}{售價}\times 100$$

至於回扣的分配方法，就不得而知了。

在7—11的有價證券報告書中，關於公司目標方面，列舉了二十二個項目，其中有一點是「不從事4、14、17項的營業活動」，這三項內容如下：

4、鐘錶、眼鏡、貴金屬、寶石的販賣業

14、汽車、自行車的販賣業

17、酒類販賣業

看到這一點，許多人一定覺得很奇怪。7—11加盟店中，加盟前有大多數是賣酒的店鋪。參考六十一年二月末的資料，業種構成比率是：①零售業六五％、②批發、飲食相關業二五％、③服務業及其他一〇％。最近，販酒零售店的構成比率降低很多，但是，一九九四年二月期的比率仍有三八％之多。

這些加盟店都持有酒業登記執照，所以7—11沒有理由再為他們申請執照。因此，與其說「酒類方面，7—11加盟店有販賣」，不如說「加盟7—11的酒類零售店有賣酒」來得正確。至少在法律上，以酒類零售店的名義販賣比較方便。

因此，酒類方面的回扣和費用，很難納入7—11的一貫性系統中，煙、鹽和米等等，也是一樣。

◎以「酒類不收取費用」的條件加盟

有些人說，要取得酒類營業執照非常不容易，所以這些加盟7—11的酒類零售店比一般便利商店的日銷售額高出一〇萬圓左右。7—11就是因為這些持有執照的商店加入，所以日銷售額比其他便利商店高。這是一位7—11同業競爭者說的話，也許他對7—11的高營業額有些眼紅，但是，他說的倒也有幾分正確性。

那麼，就算回扣和費用等不完全屬於這些有登錄許可的店鋪，至少，多少有些特別待遇吧？然而，總部卻用處理其他商品的態度來處理回扣和費用問題。一位原本是酒類零售店的加盟店主不滿地說：

「制度是一定的，沒辦法。但是，連酒也要收取加盟費……。」這位店主雖然不滿，但可能知道一旦加盟，所有店鋪制度都一樣，只好讓總部收費。

然而，也有店主在加盟後的幾年中，始終反抗總部，不願意將回扣繳給總部。東京城東區一位店主說：

「附近有一家加盟店一直不肯付費，被總部稱為過激份子。後來好不容易才妥協。總部將累積未付的酒類營業額算給店主看，說：『其實金額不多，只有這些而已！』店主看到總部算出來的金額和自己實際收取的金額完全吻合，非常佩服。」

特許加盟連鎖事業的基本原則之一，就是所有加盟店的制度必須統一。特別是加盟條件方面。一位便利商店雜誌總編說，這一點，7—11可以說做得一絲不苟。

但是，還是會有例外的時候。譬如說，有一家酒類零售店的地點，非常符合7—11的地點要求。7—11極力勸誘這家店加盟，所以答應給他們特別的條件。

下面是一個極特別的例子。這家店的負責人說：「7—11答應我們可以繼續賣酒，而外賣金額用另一套算帳方式，目前暫時繼續，無所謂。我覺得這條件相當不錯。」

這家店是在7—11加盟有六、七百家時加入的。由於五十年來營業情況一直不好，所以拼命做酒類外送的工作。甚至破壞行情在賣，或收受批發商的後退金，因此，以繼續外賣，另外算帳的條件加入7—11。

等到店鋪開發後，7—11才發情況不像他們說的那麼嚴重。但仍然維持加盟條件好幾年。直到三年前的春天，總部才開始施壓說：「『暫時』的時間夠久了吧！」之類的話。只是，總部並非叫他們停止外賣，而是希望外賣的酒帳能納入7—11的財務系統中。也就是費用的問題。結果，談判破裂，這家店解約退出7—11。

◎一家加盟店有兩種淨利

在7—11總部設定的加盟店營業費中，並沒有店主買房子或土地時，借貸的費用。A類型的店主在開業時，就算不用買土地或房子，也要改裝費用，這項費用通常都向銀行貸款。

神奈川縣一位四十歲左右的店主說：「店主裡面，租公寓一樓，付房租的人不少哦！像我現在有兩家店，一家付房租，一家是用五七○○萬圓買下來的。每個月要付的貸款有好幾十萬圓。」關東一位店主每個月付三十五萬圓的貸款。也有店主花一五○○萬裝修店鋪，每月付十五萬圓貸款。

淨利的結構

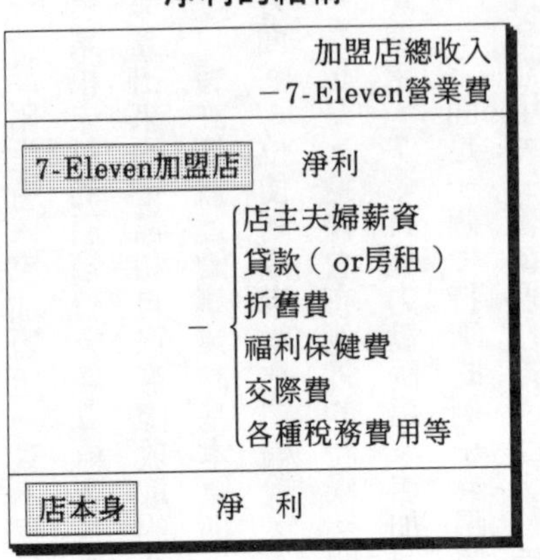

在損益表上，找不到關於這個部份的科目。「支付利息」這一項是和開放會計的利息有關的項目，與這部份無關。

為什麼不算在營業費上呢？這是因為7—11的「淨利」是指「加盟店的淨利」，而不是店鋪自身的最終淨利。營業費用也分7—11加盟店的費用和店鋪自身費用兩種。

一般而言，加盟店的淨利相當於損益表上的淨利，而非店本身的淨利。千萬不要搞混。也有人說：「7－11加盟店的淨利和店本身的營業利潤相當。」

最近，許多小店鋪都改組為公司組織，因為於稅法上有利。在這種情形下，公司的利潤等於扣除7－11所規定的經費外，還要扣掉店主夫婦的薪水、貸款、建築物折舊、交際費及店主夫婦的福利費等，才是公司的淨利。如果要繳稅，還要有扣掉各種稅務費用。

這些經費都扣掉後，就是這家店鋪的淨利潤。如果是公司組織，這種經費的計算方式就被認可。

一般在報稅時，應依照一七八頁表列出的方式做會計處理來申報淨利額。因此，店鋪本身的淨利通常會低於7－11所說的淨利。許多店主在處理經費時，房租部份以二〇萬或三〇萬圓計算，但實際上房子是自己的。

大致上，除了交際費外，大部份的店主都將店鋪本身的經費視為個人的生活費。

◎總分店合帳處理

也許有些人認為這些費用算在營業費中的雜費裡。但是，7－11連雜費的內容都規定一清二楚。其中還分成「可以由收銀機的錢支付的項目」和「不能由收銀機的錢支付的項目」兩種。

可以由收銀機支付的雜費項目如下：徵人廣告（包括傳單）、澡堂、電線桿、電話簿、公車等的廣告費用；油費和高速公路收費站的費用，只有在送貨的情況下才能報帳。除雪費用僅限於北海道、福島、長野等地區。一九八六年新潟店開張後，新潟也在範圍內。

此外還有紅十字會的基金、募款、祭典時的捐款、甚至衛生所的驗便費都包含在內。

不能由收銀機支付的項目包括：事業稅、牌照稅、所得稅、固定資產稅、報費、爆胎修理費、車子修理費、暖器費、車子保險費、加班及迎新送舊時，工讀生的飲食費、深夜的住宿費、紅包、奠儀等等。也就是說，如果要支付這些費用，請利用月次提領金或每一季撥入的淨利的七〇％中的錢來支付。

如果以個人商店的意識來經營，一定常為籌措資金所苦。因為自己和家人都隨便從收銀機裡拿錢來用。當然除了這個理由以外，還有其他原因會使店主苦於週轉。如該收的帳沒收等。7—11就沒有這方面的問題。

一位從7—11加盟店退出的店主說：「總部雖然說，彼此採獨立核算制，但實際上，金錢分配制度中的某一部份應該算是『總分店合帳』的情形。總店是指總部；分店是指各加盟店。到7—11淨利這個階段為止，都是採總分店合帳制。否則，無論如何防止帳務不清，也不能名正言順管到人家家裡的收銀機上。這就是『總分店合帳制』。其實這也無所謂，但契約上寫著『獨立採算』，因此，還是不要強調什麼總店、分店的。」

據我所知，好像很少店主對這一點發牢騷。

人家說「一白遮三醜」，7—11大概可以說是「高利遮三醜」吧！總之，這種不論總部或加盟店都不會損失的制度，是值得嘉許的。

比銀行有利的金融機構—7—11

◎每日匯款為應盡義務

總部將每日匯款訂為加盟店的義務。除了銷售額外，店鋪收到的回扣、進貨折價金部份也算在銷售額裡面。此外，公共電話費也必須一起匯入總部指定的銀行帳戶中。

這些規定在加盟店基本契約書的第二十七條中有說明。另外，第三十八條裡，也有「為便於製作帳票記錄，店主必須按時繳交下列文件」等字樣：

①銷售日報、庫存變更報告書。

②進貨、營業費等貨款收據、付款通知及其他指定資料、報告書。

③銀行匯款收據或匯款單副本。

至於銷售日報，每天都要交出一份。

匯款方面，原則上是每天要做，但是，遇到星期六、日、國定假日及銀行休息日時，隔一天一併匯款。

一位店主說：「我們店鋪離銀行太遠了，所以我每星期一、三、五才去匯款。」還有一位說：「有時候因為去打高爾夫球而無法匯款，總部可以諒解，不會收罰金。當然有些店主養成壞習慣常不按時匯款，這又另當別論。」

店主將每日至下午一點為止的收入算好，然後在三點以前到銀行匯款。店主說：「作一份銷售日報約花十五到二十分鐘左右，然後再核對現金，這大概要花四十分鐘到一小時，如果與現金不合，還要核對收據等。」

總部會發給各加盟店7—11專用匯款單，店主用此匯款單不需要匯費。

◎代替店主管理現金

一位7—11的FC指出：「7—11公司引進South Land公司的經營技巧，其最具特徵的部份有二點：一是，7—11雖已儼然成為便利商店的代名詞，但真正的精髓卻是特許加盟連鎖營業制度。我們這些後勤人員很能感受這一點。還有一點是，雖然是特許加盟，但店主卻必須每天匯出銷售金。如果是普通的連鎖業就沒話說，但是，7—11和加盟店彼此是獨立事業體……」

經這位FC人員說出，我也覺得很奇妙。獨立核算本來就是自己的錢，頂多付加盟費就夠了，但是卻要每天匯銷售金，而且已是7－11的制度之一。更何況去匯款的都是店主，這是相當辛苦的。總收入的所有權是店主沒錯，但是，在簽訂合約時，這一點也是經過店主的同意，店主除了遵守外，別無他法。

一位對會計相當有概念的店主指出：「一般的零售店都沒有訂立資金運轉計畫，總覺得賣掉的東西是自己的錢，所以很容易任意使用店裡的錢，反正只有一、二千圓而已。結果累積久了，不知不覺錢就用完了。有些店甚至因此而倒閉。」

確實有一家從7－11退出的零售店，到後來常為了籌措資金，長吁短嘆。

為了避免這種問題產生，7－11總部在經費管理方面也嚴格地系統化了。

中國哲學裡有「性善說」和「性惡說」，也許，總部是用「性弱說」的眼光來看加盟店店主。人類遇到誘惑時是很容易動搖的，往往輕易就守不住原則。這種行為雖還不至於被稱為「惡」，但是也不能不防。

橫濱市一位店主說：「如果銷售額交由店主處理，總部擔心收不到加盟費，所以才要求我們每天去匯款。收到一〇〇%的現金後，先扣掉進貨資金、加盟費、總部應該負擔的經費後，剩下的才給我們。因此，總部絕不會有損失！」

這位店主人大概認為總部以「性惡說」來看待他們，才會說這些不滿的話。但是，我認為「性弱說」比較貼切。

◎不需付利息的銀行

所有加盟店每天都匯款給加盟店，這意味著所有金額都集中在總部。一九九四年二月期平均一家店鋪的日銷售額是六八萬七〇〇〇圓，全國一共有五千四百七十五家店鋪，那麼，總部一天收到的總金額就是「六八萬七〇〇〇圓×五四七五店=三七億六一三二萬五〇〇〇圓」。三十七億多的金額乘上三十天，總部一個月可以收到一一一〇億圓。

當然，這是紙上計算的數目，總部還得付給廠商、批發商費用；給店主月次提領金、給工讀生和兼職人員薪資等等。

不過，結算日和實際付款日中間通常有一段時間。舉例而言，和廠商和批發商說好的付款條件是月底結算，二十號付款，那麼，中間的空檔最短二十天，最長有五十天，在這期間有一大筆資金存在那兒。工讀生和兼職人員的薪資是二十五號結算，次月五號支付，最短十天，最長四十天；淨利方面，月次提領金也一樣，其他淨利三個月後才結帳。

結果，可以想像7—11公司持有一大筆資金可運用。和「豐田銀行」、「松下銀行」的情形一樣。豐田和松下電器都利用一大筆資金展開財務戰略，而其銀行本身也有傲人的收益。但是，那些資金是他們自己公司的錢。

然而，7－11的資金中，包括大量別人的錢。如果是自己的錢，自然不用給利息，但是，他人的錢存進來，應該要給利息，這是一般經濟常識。一般銀行將許多客戶存進來的錢拿來運用，並支付利息給客戶。然而，7－11總部每天收到這麼多匯入款，都是不須付利息的。

如果銀行能不付利息而得到一大筆資金來運用，一定喜出望外吧！但是這麼做是違法的，一定遭到很大的責難。然而，7－11限定「加盟店須接受匯款制度」，等於在做同樣的事情。責難之聲是有，讚賞之聲卻也不少。

另外，這些無利息資金所產生的利益都歸總部所有，不回饋給加盟店。一位店主說：「比較會運用資金的店主可以將自己的錢用在股票、外匯投資、債券等投資上，來獲取利益，每天匯款等於剝奪了他們的權益，然而，總部卻還是不願意改變原則。」

但是，7－11的系統和制度，並不是只為頭腦好的人建立，而是不太用大腦的人也能因應的制度。換句話說，等於拉手下一把，賦與他匯款的義務。從這一觀點來看，運用資金獲利、或者課淨利利息，好像也不為過。不過，7－11應該從這二項中選其一較為恰當：

①總部　對加盟店在開放會計上的未付餘額課七〇％的利息（年利率）。

②加盟店　總部以無利息方式對應加盟店的每日匯入金。

7－11比一般零售店收益高，也比其他便利商店收益高。而7－11公司的收益又比7－

11加盟店高。締造這個高收益成果的途徑之一，就是本節敍述的制度吧！

◎總部有四十八億圓的利息收入

在前面敍述的匯款制度下，各店鋪的銷售額越高，匯款總額就越多。此外，加盟店數增加，總額也跟著提高。只要比較一下各年度之店鋪數和銷售總額，就可以了解店數增加對提高營業額有多大的幫助。

1985年度營業總利益內容

（單位：百萬圓）

項目	金額
I 營業收入	
1. 來自加盟店的收入	53,174
2. 其他營業收入	609
II 銷貨總額	
1. 銷貨總額	29,973
III 銷貨成本	22,282
銷貨毛利	7,691
營業總收益（毛利）	61,474

1993年度營業總利益內容

（單位：百萬圓）

項目	金額
I 營業收入	
1. 來自加盟店的收入	169,239
2. 其他營業收入	749
II 銷貨總額	
1. 銷貨總額	25,679
III 銷貨成本	19,990
銷貨毛利	5,689
營業總收益（毛利）	175,677

有人說：「便利商店的經營者容易罹患『開分店中毒症』。」7—11也知道自己很容易患這毛病。因此，7—11的店鋪數量為全便利商店之首。

看著「現金及存款」著實在增長，就知道實際收益有多少。一九八〇年度是九六億四四九九萬圓、八一年度一三五億七三八八萬圓、八二年度一四五億五二〇三萬圓、八三年度一五一億九六八二萬圓、八四年度一九五億七七三八萬圓、八五年度二四九億九〇八〇萬圓。

到了一九九二年已達六九五億八九〇〇萬圓、一九九三年度則達到七九七億七五〇〇萬圓。

一般而言，在「現金及存款」裡留下必須的資金，剩下的拿來活用，活用之利益算在損益表上「非營業損益」一項。以下是一九八五年和一九九三年的主要「運用收益」比較：

主要運用收益	**一九八五年度**	**一九九三年度**
利息	一六億〇三八五萬	四八億四〇〇〇萬圓
有價證券利息	一二四二萬	四〇〇萬圓
紅利金	四七五六萬	七二〇〇萬圓

從這裡就可看出資金運用收益增加的幅度了。

◎不花經費就有一七〇〇億圓的收入

總部每日平均有三七億多的金額入帳，令人驚訝。但是，更令人驚異的是超高的毛利率（請參照第一章）。

以前我從不知道有利潤那麼高的公司，而且隨著公司規模擴大，各種利潤也跟著提高。這種情形已脫離了一般企業原則。

這個高利潤是指總收入扣除銷貨成本後的營業總毛利（從這裡再扣除總部內部費用的販管費和一般管理費後，就是營業淨利）。一九八一年度的營業毛利率是七〇・六%、八二年度六九・六%、八三年度七一・三%、八四年度七三・八%、八五年度七三・四%。每一個數字都顯示出公司毛利率之高，最近更有超過九〇%的情形：九一年度九〇・八%、九一年度九〇・〇%、九二年度九〇・二%。相當於加盟店毛利率突破九〇%的情形。如果是廠商的話，營業毛利率達二〇%～三〇%，就已堪稱為「超優良企業」。

為什麼營業總毛利率會這麼高呢？我們舉一九八五年和一九九三年度的營業總毛利的內容來看。在表中，收入的部份分為「加盟店的收入」、「其他營業收入」及「銷貨總額」三種。其中，銷貨總額是和自營店相關的項目，也就是社員營運的店鋪和經營委託店的總合。銷貨成本和銷貨毛利也是一樣。表中用框框住的部份都是和自營店相關的數字。

「其他營業收入」內容包括：加盟者受訓費、開店代辦費、商品處理手續費（宅急便快遞、OPE等）等。

如果光看自營店，一九八五年度的銷貨成本占銷貨總額的七四・三%，銷貨毛利是二五・七%。一九九三年度各是七七・九%和二五・二%。這樣比加盟店的毛利率還低，並不是挺驚人的數字。

然而，從加盟店收到的營業收入的部份，沒有銷貨成本。收入五三一億七四〇〇萬圓，卻不須花費銷貨費用。一九九三年度的收入達一六九二億三九〇〇萬圓。這就是締造7―11總部高營業總利潤的根源，可以說是販賣「制度」的所得。

◎以「資訊軟體企業」名留青史的7―11

日本人不太願意將錢花在眼睛看不到的東西上，資訊也是其中之一。因此，資訊產業的培養並不容易。姑且不談情報機器製造商，軟體產業就面臨此問題。第一個將軟體系統化，並透過資訊的販賣而紮根於便利商店的，就是7―11吧！而且是大規模的進行。

這段歷史，將長久留在日本經濟史上，讓人稱頌！

所謂販賣軟體，是不需要材料費的。就7―11來說，加盟店的人事費用和大部份設備的費用由加盟店負擔；配送系統的運用費用，由廠商、批發商等配銷業者負責。因此，店鋪數增加，費用負擔卻沒有增加。這也正是隨著企業規模擴增，各毛利率同時上昇的原因。

販管費中，費用比例最高的是廣告費、水電費等，可見費用很少。其中，水電費是指總部負擔加盟店的八〇%的費用部份。

7—11認為利潤是再投資的泉源。的確，他們投資在系統、設備方面的資本，是其他便利商店望塵莫及的，而其締造出加盟店的驚人收益這一點，也無人可以否認。

第八章 功不可沒的ＲＦＣ人員

分店的增加靠RFC的活力

加盟者在加盟之初，最先接觸的是徵募人員，即所謂的RFC（Recruit Field Counselor）。RFC至零售店造訪時，常不問靑紅皂白的就遭拒絕。從前，送出去的名片和型錄被丟回來也是常有的事。

如果第一次接觸順利，對方願意聽聽詳細內容，那麽，RFC通常會在店鋪結束營業，店主吃完飯後，再過來訪問。

◎說明系統至天明

在說明時最重要的是要注意讓對方容易聽懂。說明系統的用「BOOK 1」，說明契約的用「BOOK 2」。說明時將說明書架在A4大小的板面上，一邊說明一邊翻。認眞解釋的話「BOOK 1」要二、三小時，「BOOK 2」要五、六小時，如果情況良好，講到深夜十一、二點也是常有的事。

一位巡迴關東地區的RFC說：「有些店鋪夫婦進入情況後，常常有談到三更半夜的情形，甚至連他們的雙親都很認眞聽，到後來，店主的太太坐著打瞌睡都不知道，天就已經亮了。之所以這麼認真，是因為加盟等於拿自己的財產和人生下賭注。結果，這麼認真的店主後來果然將店鋪經營得很好。」

RFC有兩種：①徵募顧問、②開發人員。

徵募顧問負責訪問既存商店；開發人員則負責尋找開直營店所須的物品、建築物等。譬如造訪不動產業者、地理條件良好的土地所有者等。就工作難易度而言，徵募顧問的難度較高。甚至患上「訪問恐懼症」。

徵募人員負責的區域是固定的，通常一個縣分配三位人員，再依各縣特殊情形增減人員。一位徵募人員說：「東京二十三區由四位人員負責，每一位人員負責七區到八區，也有只負責六區的。」

徵募人員以說服酒類零售店加盟為一目標，食品店其次，其他類店鋪再其次。

雖然相當辛苦，7—11會有今天，這些酒類零售店的加盟是一大要因。

然而，並非所有酒類零售店的立地條件都符合7—11的要求。如果地理環境不佳，同樣不考慮勸誘加盟；相對的，如果立地條件良好，即使非酒類販賣業，徵募人員仍然使出渾身解數說服加盟。目前，酒類販賣業出身的加盟者占全體的三八%。

◎向說服加盟的ＲＦＣ撒鹽巴

在組織上，ＲＦＣ是總部的員工，但是，其每日之活動卻極富自由營業人員的色彩。上班時間從早上九點到下午五點四十五分，而真正的工作時段其實大部份在晚上。通常都是直接到負責區域去，然後直接回家。不必到總部和地區事務所去，和公司聯絡透過電話，若公司要找他們，就打BB CALL。

前述那位徵募人員說：「我們每天在自己的區域內來回地跑，非常累，一天大概要訪問四十家的店鋪。舉例而言，如果向總部報告一月份要說服橫須賀一家店鋪加盟，那麼，在那同時其實已經提出其他候補地區，所有提出的地方都得去跑。另外，有些店主已經動心，或者尚猶豫不定，這些都要不定期去訪問。」

總部並不會強制規定要多少店鋪加盟，但是，會定一個目標數字。每年三月是一個新年度的開始，在作好預算後，就會同時定立加盟店目標數。每個月那一區要有幾家店等等。從前一個ＲＦＣ一年可以招募到七、八家店加盟，最近差不多在六家左右。據統計，一九九四年二月期的分店增加數是四百十七家。

ＲＦＣ的上司在他們提交年度目標後，將之與總部的開店目標做一配合調整，然後指示各ＲＦＣ應該招募多少店鋪加盟。據說７—11每年度的開店目標數，比Sound Land公司與他們訂立的契約目標數還多。一位建築、設備部門的員工說：「目標數約高出二〇～三〇％左右。」

雖然沒有硬性規定，但是如果二個月之間連一家店都招募不到，對RFC來說是很沒面子的事。如果邁入第三個月的話，在出席每週的FC會議前，恐怕非常痛苦吧？

和加盟店簽定契約等於促使對方做相當大的投資，而且一簽就是十五年。對方若已年近四十，等於把剩餘的人生都賭進去了，萬一想要提前解約，還得賠償更多的錢。因此，有良心的RFC除了說明加盟的好處外，也同時告訴對方冒險之處。

然而，不加入7—11是很難實際感受其系統的優點的。賣車的營業員，有實體的車子在前面；保險業者可以說出死亡賠償有三〇〇〇萬圓的給付。而特許加盟連鎖業能說的，只有最低保證金這一點。

一位經驗豐富的RFC告訴我：

「有時候必須反過來利用『沒有實感』這一點，膨脹認何有可能性的好處，將系統描述得如人生美夢般，對方聽著聽著，不知不覺就加盟了。只要抱定達成目標的決心，一定可以做到。」

但是，加盟後，經營得順利還好；不然，經營不善的店主就會憤怒的說：「那個RFC下次來的時候，我要撇他鹽巴讓他滾得遠遠的。」

◎在簽定契約前變卦

ＦＣ會議於每週二召開，而在前一天，各地ＤＭ會先在總部開會，總部的幹部也會參加。會議內容主要是討論前一週發生的問題，並商談對策。然後在星期二的會議中，將決策和最近情報傳達給各ＦＣ。

此外，懸案事項留給各部門解決，若需要借助高階層人員的判斷能力，則交給董事會決議。其他還有總部說明關於促銷、新商品、系統變更等流程。

星期二上午開全體會議，下午再開分科會。其一是與營運有關的ＯＦＣ會議，再來是商品部門會議；第三個是開發部門的ＲＦＣ會議。分科會分別討論完後，各地區人員再次集會開總合會議。會議定於五時三十分結束，但超過這個時間是常有的事。

在會議中，ＲＦＣ必須將與客戶接洽的情況和翌週的行動計劃報告出來。如果已和客戶進行到下列四個階段，表示已經相當順利了：

①「BOOK 1」和「BOOK 2」介紹過了嗎？
②是否已經發給他們需要的資料？
③已經向公司提出簽呈了嗎？
④定契約的日子決定了嗎？

到第四個階段，成功的希望就很大了。在第一個階段以前，還有十幾個小階段，如：和對方約好說明時間了嗎？對方對你的說明有興趣嗎？等等。

一位已經改行的ＲＦＣ，有些懷念的說：「這個星期做到這裡，下個星期進展到那裡，一直到最後簽定契約為止，才感到辛苦終於有了代價。中間過程不但辛苦，還常被斥責：『你到底在幹什麼？』等等。有時候都已經和對方講好簽約日期，卻還有臨時變卦的。那種壓力可想而知。有些ＲＦＣ遇到這種情形，甚至對店鋪施壓說：『如果你不加盟，我們馬上在附近另開一家……』。」

◎需要轉型的ＲＦＣ

在７—11，過去的實績不重要，總部重視的是現在。有些ＲＦＣ雖長年致力於拉攏店鋪加盟，但如果加盟後店鋪營業狀況不良，ＲＦＣ也要負責任。

一位曾擔任過ＲＦＣ的人說：「新生企業一旦上市到某種程度，就應該有良好的形象出現。在企業的各個階段（草創期、成長期、安定期），所需要的人材都不同。一般而言，進入成長期和安定期後，舉止文雅、教養良好的人員比熱心、有熱誠的人員來得重要。我自己也是其中之一，形象超出某種範圍的ＲＦＣ，今後在７—11可能不再光鮮體面了，源義經在戰時是英雄，到了鎌倉幕府成立後就不再被重視了。也許這個比喻並不完全恰當。」

總部的想法是，只要依照7—11系統實行，一定能獲利，所以對方沒有理由不加盟。然而，現實並不像說的那麼容易。

如果利用對方的幻想積極說服加盟，RFC還不至於須對赤字產生負太大責任；但若訴諸於情感勸誘對方加盟，一旦經營不善，將招致店主的埋怨和不滿。

有些加盟店日銷售額只有二十萬圓，不抱怨很難。因此，今後或許教養好的理論派RFC比較吃香。

RFC這個工作需要加入者充滿幹勁且依賴這份工作維生。然而，現在這個社會的年輕人，已經不像過去那麼肯吃苦、肯拼了。在7—11，RFC和OFC都得提出每週日報。每週日報有A4大小，形式簡單。左邊是日期，中間欄記錄行動；右端記錄上司的指示內容。

RFC和OFC每天都得將行踪交待的一清二楚。「幾點幾分~幾點幾分在那一家店」、「對方是誰」、「談些什麼」、「談話時對方的反應、回答」等，一律要記錄得清清楚楚。平常一天寫個三、四張是常有的事，一星期就得交一次，相當辛苦。

對這一代不知飢餓滋味的年輕人而言，這種組織、活動方式大概令他們吃不消吧？但是，目前似乎看不出鈴木會長有意改變這個RFC的制度。

◎申請加盟成功率只有1%

除了RFC到商店邀約加盟外，有加盟意願者主動打電話來詢問的也不少。

在總部的徵募部門每天可以接到三、四通詢問的電話。有些是透過往來客戶或加盟店店主介紹的；有些則是看到報紙上的廣告來洽詢的。其中，想參加經營委託店的，大都經由報紙徵募途徑而來。

一位擁有七十坪店面的店主說：「當初打電話到總部去，總部將電話轉給徵募部門，一位女孩子接了電話問坪數，結果坪數不符遭到拒絕。後來，一位RFC知道後又跑來交涉，終於成功了。」

然而，這種例子很少。一位徵募總部的職員，強調7—11在審核加盟條件時的嚴格程度：「在所有便利商品的總部當中，7—11的總部最嚴格。申請加盟的件數那麼多，卻大部份遭拒絕。其比率大約是，一百件中成功十件。」聽說最低比率降至一%，比以往更嚴格。

在審核時的三大要件是①地理環境（立地條件）；②個性、人格；③財務狀況。缺乏任何一項都無法加盟，特別是地理位置尤為重要。

一位店主指出：「便利商品的營運，可以說九九%受地理條件影響。像我們的地理位置就很差，因為前面有座山。目前營運還算可以，但是不知能維持多久！」

便利商店雜誌總編說：「地理條件的三大重點是①視界性（從遠處就可看見）；②接近性（靠近、順路）；③動線性（面對人車往來的馬路）。當初是以住宅地為中心展開開店政策，現在則改變方向，往郊外、幹線道路沿線發展。

位於千葉縣，於一九八一年開張的A類型店鋪店主表示：「我們打電話表明加盟意願後，總部立刻派人來。因為負責人員說這一帶只有兩家加盟店，還想再增加一家。這塊土地是爺爺的。最近人口確實增加很多，因此父親決定在這四十坪的土地上蓋一棟三層的公寓。店面是三十坪，父親每月可收三〇萬的房租。最近有人說門市稍微窄了些。其實，以前的店鋪，狹窄的也很多，二十五坪、二十六坪的賣場不少。現在沒有三十坪，總部是不會答應加盟的。本來我還想再開一家店鋪，但總部表示不想在同一地區再增加加盟店，而且這個地點不在十字路口，而在巷內，所以就做罷了。」

的確，有些店鋪只有二十五、六坪的賣場。「我們的店鋪只有二十六坪，比其他加盟店小，但仍然進三千項的商品。年輕消費者占四〇％以上，晚上九點以後銷售情況最好，占一天的四〇～五〇％左右」（東日本某家加盟店）。

◎砍掉栗樹林，視界良好，業績竄昇

下面舉一個例子，用繪畫效果來說明「視界性」。

從拜島車站搭乘五日市線，在終點站武藏五日市的前兩站武藏引田站下車。這一個車站充滿田鄉風味，一下車，眼前就是一大片稻田。到了夜晚，月明星稀。在黑暗中約略可見朦朧的山脈。目送漸漸遠行的電車後，沿著鄉間小路走來，十分鐘後，忽見人家出現，即五日市街道。

在那兒，忠實屋（現在的大榮超市前身）開的迷你超市「Nice」和7—11並立——就在那個地方、那個位置。

Nice的秋川店店長告訴我：「這家店是在一九八六年六月開的。由於7—11和我們的客層不同，並不覺得彼此是競爭對手。我們店裡十點開門，但我通常六點到六點半之間就到店裡來，結果發現一大早7—11的客人就已經相當多了，特別是便當、飯糰似乎賣得很好。尤其是旅遊季節，更是人山人海。週末也有許多釣魚客。從東京來的車子一到這兒，先經過前面的斜坡，過紅綠燈後，走到盡頭，立刻有一種『終於到了秋川溪谷了』的感覺。在這同時，他們也看到了7—11。」

聽說，在這之前不久，這一帶都是栗樹林。7—11開店後被樹林遮住，視界並不太好，後來雖然Nice也開張了，情形並沒有改善多少。一直到隔街開了一家叫做「YASAKA」的家俱批發店，建了大型停車場後，7—11的視界才變得非常好。從那以後，7—11西秋川店的銷售額就大幅竄昇起來。

其實，我是聽到一個傳聞，說Nice西秋川店開張後，7—11的銷售額少了一半，非常困擾。所以我才來拜訪Nice秋川店，想證實一下傳言是否屬實。

結果，卻得到和傳言相反的事實，7—11的業績正在增長中。也許Nice開張後，本來不屬於便利商店的客層流失了。結果，某些人添油加醋，就傳出銷售額減半的話來，後來，當然不可能再聽到銷售額激增的實情了。謠言之可怕，可見一斑。

◎7—11觀望的開店地點為全家便利商店捷足先登

為嚴格審查店鋪的地理條件，7—11列了三百項以上的審查項目在評估表上。除了前面提過的三大要件外，諸如附近有無紅綠燈、學校等，都得調查清楚。

一位經營委託店店主說：「最近在市中心區開分店的便利商店越來越多，和7—11競爭開店位置的情形日益激烈。上次來的徵募顧問抱怨說：『現在其他便利商店開店速度越來越快，壓力好大』！」

然而，總部的看法卻略有不同。

一位7—11徵募部門的職員說：「有一家相當大的便利商店，在這裡我不說出是那一家，在我接洽某店鋪後，也去做採訪。由於我認為那個地點太裡面且店鋪太小，因此已經回絕，而這家大便利商店似乎仍積極接洽中……。」

在吉祥寺往朝霞方面的幹線道路上，每天來往的巴士有一千多輛。其中有一站的上下乘客居那條路線之冠。而且鄰近和光市和新座市的人大都騎自行車到這一站來換公車。

就在這一站附近，開了一家全家便利商店。總面積三十四坪，賣場二六・五坪，剛開幕時的日銷售額是三十三萬圓，後來紮實地成長至五十萬圓。其實，這個地點7—11曾積極爭取過，但卻讓全家便利商店捷足先登。

後來，7—11於一九八五年二月在那家店的對街也開了一家分店，是C類型店鋪，賣場比全家便利商店大十坪左右。據說剛開店那段時間，全家便利商店的日銷售額減少了八萬圓左右，後來稍有扳回。

在其他地方，同樣也有全家便利商店開在7—11的對面，而造成7—11營業額下降的情形。

關東附近的一位佔主說：「在群馬還是栃木附近有一塊相當出色的土地，好像被山崎商店買走了，7—11遲了一步！」

所澤區一家全家便利商店的店主說：「最近7—11開分店開得很勉強，好像日銷售額三十萬的分店也不少！」

◎不斷地評估和快速地開店

7—11現在正進行業務改革中，重點放在「改革」，而非改善。不管將過去的經驗如何做改良，都要捨棄。總之，非捨棄過去的經驗不可，不管到目前為止進行得如何順利。7—11的職員堅定地說：「要完全改革內容雖然不是一件容易的事，但非做不可！」

審查地理條件方面，也要重新評估重點所在。

徵募部門的職員語氣堅定地表示：「現在7—11已經有五千七百家以上的店鋪，只要仔細評估一下，就可列出『這種店會賺錢』、『這種店一定不行』的共同項目，這些項目已非現在的評估表所能概括。因此，目前的作業希望能做到：一、簡易；二、依時代變化修正，這兩點。簡單地說，條件決定後，輸入電腦，電腦就能自動計算出客觀的預計日銷售額，且任何人都能輕易理解。這也是業務改革的一環。」

從現象面來說，包括往來車輛數目、往來人數、有無競爭店鋪，如果有，相距幾公尺，附近居民的客層等。這些地理條件都可以了，再請建築與設備總部評估可否成功開店、費用大略多少等等。

地理條件、人格、財務狀況等是三大基本條件，因此，即使地理條件不錯，沒有資金仍無法加盟。不過，如果地理條件實在無話可說，RFC就會拜託建築與設備總部儘量想辦法幫忙。

建築與設備總部的一位負責人說：

「有些資金太少，或者是違章建築都不能列入考慮。且不談建新店鋪，一般而言，改裝需在簽訂契約後一個月完成，讓店鋪順利開張，所以等於縮短契約程序，簽訂契約相當於簽定承包契約，步調很快。」

以下再引用一段這位負責人說的一些事（內容稍長些）：

當時（一九七六、七七年時）的融資額度是一千五百萬圓，不管是新建或改裝，總之，建築費用至少要準備一千五百萬圓。本來應該要花到二千萬圓以上，是總部將價格壓低到一千五百萬，所以建築業者的品質不太好，發包再發包之類的。

有些建築商承包工程後，二個月才能完工的工程，卻只花三十天就完成了。現在要蓋棟新平房，少說也要四十五天才能完成，而那時候卻有只花三十天的事。

不知道現在情形怎麼樣？當時蓋違章建築也不是什麼稀奇的事，因為正式申請常有問題。7—11為什麼這樣快速發展，和相當程度的蓋違章有很大的關係，可以說是強行推展。

您知道7—11在「第一種類居住專用區」內也開了許多分店嗎？這種地區本來是不能開便利商店的。其他便利商店之所以比7—11少很多，是因為開在這種地區等於一開始就把店鋪犧牲了。當然，7—11成長的背景有很多，但是，這也是很重要的原因。現在他們大概不會再這麼做了吧？

◎身家調查，確立人品

所謂「第一種類居住專用區」，是住宅區中規制最嚴格的地區，規定不得建造住家以外的建築物。而7—11就在這種地區開了分店。

除了這個原因外，還牽涉到建築地基與佔地面積比例的問題，須申請建築許可，太花時間。因此，聽說7—11還搭帳棚在趕工呢！

除了地理條件外，店主的人格、品性也很重要。只要健康、有幹勁、具備一般社會常識，就應該沒什麼問題了。7—11不要求了不起的經營天才。財務狀況也是一樣，只要店主不是借債慣習者或者嗜賭狂，大致上沒什麼問題。7—11不要一擲千金，而尊重踏實儲存的金錢。

一位原本經營委託店，後轉型成功的店主表示：「7—11還打電話到我家附近的工廠、店鋪去，詢問我的為人。之後，我和妻子再到總店去和三位負責人面談，然後才決定讓我加盟。聽說，到面談這一關通常都沒什麼問題。」

ＯＦＣ是店主的智囊團兼員工

店主參加研習後，緊接著就是開店。開店後和總部方面的接觸，全賴ＯＦＣ來執行。

在加盟店基本契約書第二十八條中規定：「本公司為支援你的營業活動，採取以下措施—一、派遣負責人到你的店鋪去，提供關於店鋪情況、備品及商品陳列等之意見，二、提供最近販賣資訊、商品動向相關資料，三、在本公司認為需要時，對營業狀況不佳之店鋪提供特別措施。」等等。

◎超乎想像的工作態度

一位ＯＦＣ負責七～八家店鋪，每週至少到各店鋪巡視兩次。到了店鋪後，和店主談的事情包括：為徹底實行四大基本原則的建議、促銷活動的實施、建立符合自己商店個性的計畫等等。商量、討論、指導、建議、警告……什麼交涉手段都有。還得一邊研究ＰＯＳ的彩色圖，一邊和店主商議對策。

ＯＦＣ分為兩類型：一種是領薪水型；一種是真正熱心地為自己負責的店鋪奔走型。

千葉縣西部一家加盟店的店主說：「現在到我們店裡來的這位ＯＦＣ真的很拼命，看他這樣，我們也生出一股幹勁。」

當你在店鋪停車場看到有7—11標誌的車子，百分之九十以上是ＯＦＣ開到店鋪來的。一來大概花兩、三個鐘頭在店鋪裡。不過，杉並區的店主卻說：「ＯＦＣ每次來大概都只停留一、二十分鐘而已。」

ＯＦＣ深夜出來巡視也是常有的事。札幌一店主說：「我們店裡的ＯＦＣ幾乎天天來，相當熱心。有時候想，他們星期二早上九點開會，星期一晚上應該不會來吧？結果，夜裡十一、二點，他又出現了。」這家店鋪營業時間是二十個小時，另一家在札幌的十八小時營業店，ＯＦＣ也常在十二點左右出現。

不管是ＲＦＣ或者ＯＦＣ，似乎都無法避免在夜間工作。都營地下鐵三田線沿線的一位店主說：「負責本店的ＦＣ，實在讓人不得不佩服，他總是廢寢忘食的協助我們。」

有一次，這家店發生商品缺貨的問題，離下次訂貨又還有一段時間，於是店主就打電話給ＯＦＣ。當時是晚上八、九點，店主拜託ＯＦＣ從別家7—11調貨，ＯＦＣ答應立刻處理，有貨的話，馬上送過去。結果，ＯＦＣ好像忘記了。進浴室洗頭洗到一半忽然想起來，頭也沒吹就趕緊把貨送了過去，送到時已是深夜十二點多。

每年年底到過年這段期間，庫存會增加。ＯＦＣ對每家店目前存貨量多少都必須掌握得很清楚。有時夜間加盟店有缺貨問題又來不及向批發商叫貨，譬如，日清食品夏天推出的

「拉王」（拉麵大王）缺貨，ＯＦＣ就會立刻向存貨多的店鋪調貨，這表示他們對各店鋪的商品瞭若指掌。

◎ＯＦＣ的工作態度贏得加盟店信賴

每一家店鋪的商品約有三千～三千五百種左右，負責的ＯＦＣ必須掌握七、八家店鋪的商品狀況。

前述一位店主表示：「在過年期間，如果事先訂貨，配送方面大致上沒問題，但是如果缺貨要直接叫貨的話，沒人願意送貨。而商品沒有適時補齊又造成商機流失，因此，ＯＦＣ積極地在各7—11店鋪間調度商品。」

這種工作態度，實在不是一般人做得到的。店主接著說：「有時候工作交給晚班工讀生後，我到其他店鋪去參觀，結果深夜十二點在別的店鋪還遇到負責我店鋪的ＯＦＣ……。」

大概，ＯＦＣ制度本身就是要時刻工作，分秒必爭吧！有一次，一家與7—11有往來的公司，其營業課長與7—11的ＯＦＣ約好一起去巡視加盟店，結果那位課長遲到三十分鐘。據那位課長表示，ＯＦＣ非常生氣地說：

「我們公司的ＯＦＣ一、兩分鐘就跑一個地方了，你知道嗎？」

當時，ＯＦＣ只要聽到BB Call的聲音，就必須在十分鐘內與事務所連絡。如果沒有攜帶呼叫器，在進入加盟店前和出加盟店後，也一定要打電話給地區事務所。

那位課長接著說：「『你遲到三十分鐘，要罰錢的！』那位OFC在事務所等不到我，就先行前往加盟店巡視了。」

也許領薪水型的FC還能在這種巡迴制度中，找到繼續工作下去的路子。但是，沒受過公司嚴格訓練過的人，大概撐不了多久。在7—11也有許多FC做一年左右就離職的例子。許多店主都說：「這實在不像人在工作！」

許多OFC的身體都不太好。北海道一家經營委託店的店主說：「其實，許多人做OFC的工作後，身體都搞壞了。有一位從可口可樂離職後，加入7—11OFC陣容的先生，真的很認真工作。我常想，他每天到底幾點睡覺。不論早上、白天、夜晚，常看到他在店裡出現。」

◎加盟店評估表有二十～三十項目

7—11的OFC之間，有時聊天開玩笑說：「我們得深入了解負責店鋪的一切，甚至包括店主夫婦一個月行房幾次！」當然，這是一個比喻而已。實際上，OFC是不能過問店主的私生活的。

只是，OFC必須儘量掌握店鋪情況、經營情形。他並非只是總部和加盟店之間的傳聲筒而已。在「系統手册」中，淸淸楚楚地列有ＯＦＣ的任務：

「身為店主和７—11公司之間的橋樑，ＯＦＣ應該：

Ａ、和店主討論經營之道。

Ｂ、提供７—11公司的各種服務。

Ｃ、為維持７—11的形象，經常拜訪加盟店。

也就是說，為提昇店鋪利益而訪問店主。」

此外，店主希望ＯＦＣ能減短整理傳票和資料的時間，多花一點時間討論「如何使店鋪收入更高」及「如何著手」等。因此，ＯＦＣ必須有旵好的整理資料能力。

ＯＦＣ要完成十二分的使命，必須以掌握負責店鋪的現狀為前提。因此，總部備有審核單，在ＯＦＣ檢查各店鋪並將審核單完成後，交給ＤＭ。我自已沒有看過審核單，不敢隨意斷定，不過，我知道內容大約有二十～三十項，每一項有「優」、「旵」、「可」三個評估階段。

千葉縣的加盟店表示：「大致上一個月審核一次。檢查的內容相當仔細，如垃圾箱、屋檐下是否淸楚、停車場有沒有垃圾、柱腳髒不髒等。」

另外，東京西武池袋線沿線的店主說：「大概有二十項左右吧！本來那種表格不是能讓我們看見的，我有時候無意中看到。查核內容包括整個經營面。表面上的，就是乾不乾淨、有沒有打掃、外面怎麼樣等等。」

DM看過審核單後，先對OFC嘮叨幾句，如：「這家店常把清潔工作做好，怎麼一點改善也沒有?」「你的指導方式是不是有問題」等等，然後再給一些指導店鋪的具體建議。

DM也會常去巡視問題多的加盟店，然後對OFC訓道：「頂端的陳列方式不符合總部要求，請你再多花點心督導。」等等。

現在，每一次的審查單都會交給店主，做為改善的參考資料。

◎率先做員工典範

OFC並不光是審核負責的店鋪。如果他們覺得有需要改善之處，就會率先動手幫忙，比店員更仔細。

在店主開店的時候，店裡會準備總部推薦的各種營業用品，其中之一是雞毛撣子，撣子柄比一般的短大約二分之一，或者更短也說不定。注重清潔工作的員工會隨時將撣子插在口袋裡，必要的時候，隨時拿出來撣灰塵。

OFC的車子裡也隨時備有這種撣子。在巡視店鋪時，常一邊指導店主：「即使是剛進貨的商品，只要蒙上灰塵，就失去價值了」，一邊用撣子清潔架上的塵埃。

札幌的店主這樣讚賞OFC：「7—11諮詢人員的偉大之處，不光是指導店鋪，而是親身下去做。他們一邊說：『窗戶不乾淨』、『地板不夠亮』、『停車場的雪應該要清了哦』，一邊已經開始動手做了。

譬如說，有許多店主不滿的說：『地板既沒灰塵也沒泥土，不是很乾淨嗎？為什麼一定要擦得晶亮呢？我沒那閒工夫！』於是，OFC就回答說：『好，我就讓你知道為什麼要擦得那麼亮』！然後自己動手打起蠟來。完成後請店主比較一下，店主終於心服口服。」

類似這樣稱讚OFC的話，我聽了好多。

一位開店兩年的店主表示：「如果店門外有垃圾，OFC會立刻撿起來丟掉，並告訴我那些地方要注意。這些話，他不會對工讀生或兼職人員說。其他像總部的幹部來巡視的時候，也會做類似的建言。例如，像建築與設備總部的人來的時候，也會看看商品是否都是正面朝外等等。當然，他們不會特地去把黏在地板上的口香糖剝起來。」

此外，諸如收銀台四週是否整齊、有無缺貨、商品種類齊不齊，是不是要多補充一點等，都是OFC巡視店鋪時不會漏掉的重點。

◎具備因應小衆化、個衆化時代的能力

以前，OFC常會因為某些商品在其他店鋪賣得很好，或者7—11所有店鋪都賣得好，而推薦給自己負責的加盟店。總之，以全部店鋪統一為目標。

但是，最近總部已改變方針，指導各店鋪依地理環境和客層訂購所需商品。在店鋪數已達五七〇〇家以上的今天，已經不可能再遵循同一標準了。客人的需要日趨細分化、個性化，「大衆→分衆→小衆→個衆」，已經逐漸向年齡、地區、產業、收入等進攻。每一位客人的個別需求也呈現多樣化的趨勢，上班時間和私人時間、正常坐息時間和假日、上午和下午等等。因此，以同一模式進行促銷活動已不合時宜了。枥木縣一店主說：「有一樣產品大家都賣得不好，可是我們店鋪卻賣了很多。」

總之，最近各店鋪間的業績相差甚大。有些店鋪去年業績良好，今年卻出現赤字，競爭非常激烈。

近來便利商店已到了給人一種「到那一家都差不多」的印象。至少7—11和其他便利商店之間的差距已不似往日那麽顯著，因此，每一家店鋪一定要走出自己的風格，總部也正在修正方針當中。

要做到融合地域特性、地理條件特性、店鋪特性的地步，必須「總部的販賣促銷計劃」加上「各店鋪配合」。

如此一來，OFC的行銷能力如果不夠，很難因應且容易被店主看穿。

市區內一加盟店主感嘆道：「負責我們店鋪的OFC因生病動手術，而由另一位OFC代替來巡視，也許是我們個性不同，或者對方不習慣，當我提出一些看法或意見時，對方竟然回答：『什麼，你說什麼！』或者『連看都還沒看，還意見那麼多』等等。」

總部通常是透過營業日報來掌握加盟店的情況，在RFC的篇章中，已介紹過營業日報的內容。在營業日報中，OFC必須將自己和店主之間的談話逐一記錄下來。這邊問了什麼，那邊怎麼回答，回答時的表情、態度等，然後自己又如何反應……，全部得詳細地寫清楚，好像編劇本一樣。

前面曾說過，之所以要如此詳細記錄，是因為總部想把這些資料保存下來，並掌握店鋪一整天的情況，可見總部對資訊收集的貪婪程度。此外，總部也不希望OFC主觀地取捨與店主的談話內容。

本來，OFC和DM的工作就是為取得利益而做正確、有效的因應措施。然而，最近我卻常聽到OFC逃避責任，惹惱店主的事情，希望這些DM和OFC能效法從前那些人的敬業精神。

◎客人無法偷竊導致營收下降

「適切的淘汰商品和減少商品遺失」——這兩點也是OFC常給店主的忠告。在減少商品遺失這一點上，OFC認為大部份是店裡員工拿走或遭客人偷竊，因此，在這方面也積極提出對策。總之，商品淘汰和遺失這兩點，在會計處理上是算成加盟店損失，如果數目太大，淨利自然減少。

通常，商品遺失有下列幾個因素：①忘了打收銀機，②店主自家消費，沒有透過收銀機，③批發商未依照訂單上的明細交貨，④商品售價和傳票上的售價不同，⑤偷竊，⑥員工自己拿走。

一位自7—11退出的店主表示：「我開店的前幾年銷售情況都不太好。有一次，OFC這麼對我說：『你在商品淘汰和遺失方面管得太緊了吧！所以許多銷售機會都流失掉，難怪會虧本。我想，你可能管理過於周到，使得客人一個個都得戰戰兢兢的站在那兒選購，連偷個小東西的機會都沒有』！」

的確，有時候淘汰和遺失的商品太少會造成營收減少。但是，「經費管理」也是7—11的Know How之一啊！我想，如果不是這位店主多心，就是那位OFC有些話中帶刺吧！

東京城東區一位四十歲的店主表示：「我們店裡一個月被偷的商品金額約十萬圓左右，而商品遺失總金額大概是二十～三十萬圓，所以，店裡員工一定拿了不少商品。」

關東附近一店主說：「商品遺失有九成是店裡的原因。我們店裡有時候一天損失達一五〇〇圓，一個月就得損失四萬五〇〇〇圓。有些店鋪將商品遺失費控制在銷售額的〇•二%～〇•三%左右，也就是一天五〇〇～六〇〇圓的損失，結果營收相當高。」

這種店鋪可以說是7—11的模範店鋪。

7—11總部認為商品遺失金額在銷售額的〇・五%左右，是不可避免的。而且總部也會判斷是普通的遺失情形還是無法認同的不合理狀況。如果總部判斷是不合理的部份，就不以營業費處理，改以銷售額計。

通常會計處理以一年為單位，這裡為便於說明，以月為單位。如果日銷售額三十萬，那麼一個月的銷售額就是二一〇〇萬，乘上〇・一二就是二五萬二〇〇〇圓，這個金額算做銷售金額，而不以營業費計算。

◎與其嚴格管制，不如溫馨相待

其實，商品遺失金額也不可能那麼多。一家開張未滿一年的店鋪店主表示：「剛開始的遺失金真的很多，達六、七十萬圓，特別是前幾個月，甚至有一二〇萬的情形出現。後來發現是員工拿走的，即刻把他解雇。現在，大約是四、五十萬圓左右。」

聽到這裡，我覺得很驚訝，怎麼可能那麼多?結果，店主說的是兩次盤點期間的金額，而兩次盤點之間有三個月。

一般而言，剛開業時遺失金額都比較多。一家已開店四年的經營委託店，在開業之初，每天遺失的商品金額達一萬圓左右，起因是店內的工讀生聯手偷竊。由於他們看店主剛開店，不太熟悉，因此就一起來應徵，搞得店主夫婦苦惱了一陣子。

現在，店主已經在店裡安置監視器，收銀機上方和內場都有小型電視裝置，以利店主隨時監視。

即使防範若此，敢偷的還是照樣偷。有些員工拿了好幾樣商品，卻只在收銀機上意思意思打上一、兩樣；還有人付五〇〇〇紙幣一張，卻打上一萬日幣，找回更多零錢。

為防止員工偷竊商店，每一家店主都絞盡腦汁想辦法。埼玉縣一家C類型店鋪的店主表示：「晚上通常把店鋪交給工讀生，現在我安排一個人一星期最多輪兩天班，這樣員工也能做久一點，其中若有人偷商品，也不致損失那麼多，何況我付給他們較高的工資。現在，商品遺失費用已減了不少。」

這個方法很簡單，效果也不錯。

有些店鋪提供夜間工讀生免費享用便當、三明治、麵包、熱咖啡等速食類商品。一個人限額五〇〇～六〇〇圓。反正叫他們不準吃他們還是偷吃，所以乾脆公開。

只是，每個人吃的東西要記錄在筆記本上，並貼上該商品之條碼、數據，簽上姓名。如果未超過店主規定的範圍，費用由店鋪負擔，但不能算是淘汰商品。

而可樂、飲料、酒和罐裝果汁等一律不能隨便喝，黑輪也一樣。如果要喝就要通過收銀機。其他商品則不管要買或要吃，可以不通過收銀機，而以應收帳款處理。在應收帳的帳面上，記錄商品、金額和姓名。

記帳時，員工彼此互相登記，所以收銀台上至少要兩個人。

有一位店主將商品遺失費用控制在三個月五萬圓左右，而且遺失原因大部份是因為收銀機打錯或傳票記帳錯誤，而非遭竊。這位店主的秘訣是—用人得當。他雇用的員工大都是誠實認真型的：

「看人的技巧很重要，如果判斷不正確就糟了。我用的人大部份都很老實，在觀察一段時間後，我會對他們很親切。」

此外，這位店主還注意到，不要讓客人有不舒服的感覺。譬如說，客人提個大袋子進來，就用懷疑的眼光看對方，好像他就是要來偷東西的。店主說：「我吩咐員工不要用這種眼光看客人。」

這也是一種管理之道。和這位店主接觸後，心中湧起一股暖流，走出店外，不知從那裡飄過來一陣梅花香。

大展出版社有限公司	圖書目錄

地址：台北市北投區11204
致遠一路二段12巷1號
郵撥： 0166955～1
電話：(02) 8236031
8236033
傳眞：(02) 8272069

・法律專欄連載・電腦編號 58

台大法學院 法律學系／策劃
法律服務社／編著

①別讓您的權利睡著了[1] 200元
②別讓您的權利睡著了[2] 200元

・秘傳占卜系列・電腦編號 14

①手相術 淺野八郎著 150元
②人相術 淺野八郎著 150元
③西洋占星術 淺野八郎著 150元
④中國神奇占卜 淺野八郎著 150元
⑤夢判斷 淺野八郎著 150元
⑥前世、來世占卜 淺野八郎著 150元
⑦法國式血型學 淺野八郎著 150元
⑧靈感、符咒學 淺野八郎著 150元
⑨紙牌占卜學 淺野八郎著 150元
⑩ＥＳＰ超能力占卜 淺野八郎著 150元
⑪猶太數的秘術 淺野八郎著 150元
⑫新心理測驗 淺野八郎著 160元

・趣味心理講座・電腦編號 15

①性格測驗１ 探索男與女 淺野八郎著 140元
②性格測驗２ 透視人心奧秘 淺野八郎著 140元
③性格測驗３ 發現陌生的自己 淺野八郎著 140元
④性格測驗４ 發現你的真面目 淺野八郎著 140元
⑤性格測驗５ 讓你們吃驚 淺野八郎著 140元
⑥性格測驗６ 洞穿心理盲點 淺野八郎著 140元
⑦性格測驗７ 探索對方心理 淺野八郎著 140元
⑧性格測驗８ 由吃認識自己 淺野八郎著 140元
⑨性格測驗９ 戀愛知多少 淺野八郎著 140元

⑩性格測驗10　由裝扮瞭解人心	淺野八郎著	140元
⑪性格測驗11　敲開內心玄機	淺野八郎著	140元
⑫性格測驗12　透視你的未來	淺野八郎著	140元
⑬血型與你的一生	淺野八郎著	140元
⑭趣味推理遊戲	淺野八郎著	160元
⑮行為語言解析	淺野八郎著	160元

•婦幼天地• 電腦編號16

①八萬人減肥成果	黃靜香譯	150元
②三分鐘減肥體操	楊鴻儒譯	150元
③窈窕淑女美髮秘訣	柯素娥譯	130元
④使妳更迷人	成　玉譯	130元
⑤女性的更年期	官舒妍編譯	160元
⑥胎內育兒法	李玉瓊編譯	150元
⑦早產兒袋鼠式護理	唐岱蘭譯	200元
⑧初次懷孕與生產	婦幼天地編譯組	180元
⑨初次育兒12個月	婦幼天地編譯組	180元
⑩斷乳食與幼兒食	婦幼天地編譯組	180元
⑪培養幼兒能力與性向	婦幼天地編譯組	180元
⑫培養幼兒創造力的玩具與遊戲	婦幼天地編譯組	180元
⑬幼兒的症狀與疾病	婦幼天地編譯組	180元
⑭腿部苗條健美法	婦幼天地編譯組	150元
⑮女性腰痛別忽視	婦幼天地編譯組	150元
⑯舒展身心體操術	李玉瓊編譯	130元
⑰三分鐘臉部體操	趙薇妮著	160元
⑱生動的笑容表情術	趙薇妮著	160元
⑲心曠神怡減肥法	川津祐介著	130元
⑳內衣使妳更美麗	陳玄茹譯	130元
㉑瑜伽美姿美容	黃靜香編著	150元
㉒高雅女性裝扮學	陳珮玲譯	180元
㉓蠶糞肌膚美顏法	坂梨秀子著	160元
㉔認識妳的身體	李玉瓊譯	160元
㉕產後恢復苗條體態	居理安•芙萊喬著	200元
㉖正確護髮美容法	山崎伊久江著	180元
㉗安琪拉美姿養生學	安琪拉蘭斯博瑞著	180元

•青春天地• 電腦編號17

①A血型與星座	柯素娥編譯	120元
②B血型與星座	柯素娥編譯	120元

③O血型與星座	柯素娥編譯	120元
④AB血型與星座	柯素娥編譯	120元
⑤青春期性教室	呂貴嵐編譯	130元
⑥事半功倍讀書法	王毅希編譯	150元
⑦難解數學破題	宋釗宜編譯	130元
⑧速算解題技巧	宋釗宜編譯	130元
⑨小論文寫作秘訣	林顯茂編譯	120元
⑪中學生野外遊戲	熊谷康編著	120元
⑫恐怖極短篇	柯素娥編譯	130元
⑬恐怖夜話	小毛驢編譯	130元
⑭恐怖幽默短篇	小毛驢編譯	120元
⑮黑色幽默短篇	小毛驢編譯	120元
⑯靈異怪談	小毛驢編譯	130元
⑰錯覺遊戲	小毛驢編譯	130元
⑱整人遊戲	小毛驢編著	150元
⑲有趣的超常識	柯素娥編譯	130元
⑳哦！原來如此	林慶旺編譯	130元
㉑趣味競賽100種	劉名揚編譯	120元
㉒數學謎題入門	宋釗宜編譯	150元
㉓數學謎題解析	宋釗宜編譯	150元
㉔透視男女心理	林慶旺編譯	120元
㉕少女情懷的自白	李桂蘭編譯	120元
㉖由兄弟姊妹看命運	李玉瓊編譯	130元
㉗趣味的科學魔術	林慶旺編譯	150元
㉘趣味的心理實驗室	李燕玲編譯	150元
㉙愛與性心理測驗	小毛驢編譯	130元
㉚刑案推理解謎	小毛驢編譯	130元
㉛偵探常識推理	小毛驢編譯	130元
㉜偵探常識解謎	小毛驢編譯	130元
㉝偵探推理遊戲	小毛驢編譯	130元
㉞趣味的超魔術	廖玉山編著	150元
㉟趣味的珍奇發明	柯素娥編著	150元
㊱登山用具與技巧	陳瑞菊編著	150元

・健 康 天 地・電腦編號 18

①壓力的預防與治療	柯素娥編譯	130元
②超科學氣的魔力	柯素娥編譯	130元
③尿療法治病的神奇	中尾良一著	130元
④鐵證如山的尿療法奇蹟	廖玉山譯	120元
⑤一日斷食健康法	葉慈容編譯	120元

⑥胃部強健法　陳炳崑譯　120元
⑦癌症早期檢查法　廖松濤譯　160元
⑧老人痴呆症防止法　柯素娥編譯　130元
⑨松葉汁健康飲料　陳麗芬編譯　130元
⑩揉肚臍健康法　永井秋夫著　150元
⑪過勞死、猝死的預防　卓秀貞編譯　130元
⑫高血壓治療與飲食　藤山順豐著　150元
⑬老人看護指南　柯素娥編譯　150元
⑭美容外科淺談　楊啟宏著　150元
⑮美容外科新境界　楊啟宏著　150元
⑯鹽是天然的醫生　西英司郎著　140元
⑰年輕十歲不是夢　梁瑞麟譯　200元
⑱茶料理治百病　桑野和民著　180元
⑲綠茶治病寶典　桑野和民著　150元
⑳杜仲茶養顏減肥法　西田博著　150元
㉑蜂膠驚人療效　瀨長良三郎著　150元
㉒蜂膠治百病　瀨長良三郎著　150元
㉓醫藥與生活　鄭炳全著　180元
㉔鈣長生寶典　落合敏著　180元
㉕大蒜長生寶典　木下繁太郎著　160元
㉖居家自我健康檢查　石川恭三著　160元
㉗永恒的健康人生　李秀鈴譯　200元
㉘大豆卵磷脂長生寶典　劉雪卿譯　150元
㉙芳香療法　梁艾琳譯　160元
㉚醋長生寶典　柯素娥譯　180元
㉛從星座透視健康　席拉・吉蒂斯著　180元
㉜愉悅自在保健學　野本二士夫著　160元
㉝裸睡健康法　丸山淳士等著　160元
㉞糖尿病預防與治療　藤田順豐著　180元
㉟維他命長生寶典　菅原明子著　180元
㊱維他命C新效果　鐘文訓編　150元
㊲手、腳病理按摩　堤芳郎著　160元
㊳AIDS瞭解與預防　彼得塔歇爾著　180元
㊴甲殼質殼聚糖健康法　沈永嘉譯　160元

・實用女性學講座・電腦編號 19

①解讀女性內心世界　島田一男著　150元
②塑造成熟的女性　島田一男著　150元
③女性整體裝扮學　黃靜香編著　180元
④女性應對禮儀　黃靜香編著　180元

國立中央圖書館出版品預行編目資料

7-Eleven高盈收策略／國友隆一著，劉淑錦譯；
——初版——臺北市，大展，民85
面；　公分，——（精選系列；4）
譯自：セブンーイレブンの高收益システム
ISBN 957-557-573-3（平裝）

1.連鎖商店　2.企業管理

498.93　85000478

ISBN 957-557-573-3

7-Eleven高盈收策略

原著者／國友隆一　承印者／高星企業有限公司
編譯者／劉淑錦　裝訂／日新裝訂所
發行人／蔡森明　排版者／千賓電腦打字有限公司
出版者／大展出版社有限公司　電話／（02）8836052
社址／台北市北投區（石牌）
致遠一路二段12巷1號　初版／1996年（民85年）1月
電話／(02) 8236031・8236033
傳眞／(02) 8272069
郵政劃撥／0166955－1　定價／180元
登記證／局版臺業字第2171號